高等职业教育"互联网+"创新型系列教材

首饰制作
基础与进阶训练

张作海 刘峻秀 张丽丽 于淼◎编著

机械工业出版社
CHINA MACHINE PRESS

本书内容分为两部分，第一部分为"首饰设计与制作工艺流程"；第二部分为"首饰制作基本功分项练习"。

首饰制作基本功分项练习包含两条主线，教师可按照不同的教学思路使用本书，建议使用方法如下。

主线一："能力导向型"教学思路，按"典型操作与工具使用"设置的9个练习项目进行教学。

主线二："任务导向型"教学思路，按"作品"设置的22个制作任务进行教学。22个制作任务中，11个为"首饰制作基础训练"，11个为"首饰制作进阶训练"。

全部完成9个练习项目中的22个作品制作任务，至少需要296学时，教师可根据实际情况为学生指定制作任务，也可让学生自主选择。

本书还介绍了首饰制作中所必需的理论知识和技能，以满足广大读者对首饰制作理论方面的学习需要。

本书配有基本功练习综合评价手册、PPT和每道工序制作过程的教学视频，并依据前述两条教学思路主线，在超星平台上建立了相应的在线课程，供教学使用。

本书可作为职业院校"宝玉石鉴定与加工"和"首饰设计与工艺"相关专业学生的教材或教学参考书。

图书在版编目（CIP）数据

首饰制作基础与进阶训练 / 张作海等编著. — 北京：机械工业出版社，2021.2（2024.9重印）
高等职业教育"互联网+"创新型系列教材
ISBN 978-7-111-67773-4

Ⅰ.①首… Ⅱ.①张… Ⅲ.①首饰—制作—高等职业教育—教材 Ⅳ.①TS934.3

中国版本图书馆CIP数据核字（2021）第047065号

机械工业出版社（北京市百万庄大街22号 邮政编码100037）
策划编辑：赵志鹏　　责任编辑：赵志鹏　徐梦然
责任校对：梁　倩　　封面设计：马精明
责任印制：常天培
固安县铭成印刷有限公司印刷
2024年9月第1版第4次印刷
184mm×260mm·11.75印张·319千字
标准书号：ISBN 978-7-111-67773-4
定价：59.80元

前　言
Preface

近年来，随着我国经济的快速发展，人民生活水平日益提高，对物质生活方面的追求也日益丰富。昔日作为奢侈品的珠宝首饰也逐步走向"平民化"，我国正在成为新兴的珠宝首饰消费中心。

在这样的背景下，珠宝首饰加工厂在全国范围内如雨后春笋般出现，我国首饰加工行业发展也走入"快车道"。随着首饰加工厂数量的不断增加，首饰制作技术工人的需求也在不断地增加，培养和培训一批合格的首饰制作技术人才就成为首饰加工行业的当务之急。

同时，为加快我国经济发展方式的转变，实现从制造业大国跨入制造业强国的本质要求，中央提出要大力加强高端技能型人才队伍的建设，以提升职业素质和职业技能为核心，进一步健全培养体系，完善评价使用制度，强化激励保障措施，培养造就一大批数量充足、结构合理、技艺精湛的高端技能型人才，并带动初、中级技能劳动者队伍建设。

现阶段，随着相关政策的出台，"宝玉石鉴定与加工"及"首饰设计与工艺"等相关专业作为一门新兴的教育专业，在全国范围内开设这类专业的职业院校数量越来越多；同时这类专业的人才培养模式、课程体系构架及课程内容设置也在与时俱进地作出改变；而作为这类专业的核心课程——首饰制作类课程，其相关书籍在市场上数量比较少，适合作为初学者的大中专院校学生使用的书籍就更少。在这种情况下，辽宁机电职业技术学院与深圳钻之韵珠宝有限公司进行深层次合作，开发了这本实操性较强的教材，适合各类院校首饰制作相关专业的学生及首饰制作初学者使用。

本书内容分为两部分，一是首饰设计与制作工艺流程；二是首饰制作基本功分项练习。首饰制作基本功分项练习部分有两条主线。

第一条主线是依据首饰制作行业中"起版"及"执模"等工作岗位所需的技能要求而设置，内容是按照使用的工具进行划分的，本书的内容基于本条主线编写，共设置9个练习项目，分别是材料准备、画图、线锯的使用、锉刀的使用、火枪的使用、锤子及钳子的使用、吊机的使用、砂纸的使用、抛光操作。我们将具有代表性的22个首饰制品的386道工序，按照这9个练习项目进行划分，让学生能够有针对性地进行基本功的练习。

第二条主线是按"作品"设置的22个制作任务，包括"首饰制作基础训练"中的11个铜作品制作任务和"首饰制作进阶训练"中的11个银作品制作任务。根据每一件作品的制作过程，我们将归入不同练习项目中的工序进行整理，最终形成了22个作品的制作过程。这条主线有利于学生从整体上了解代表性首饰制品的制作过程，完成相应首饰制品的制作。教师若采用以任务为导向的教学思路，可采用第二条主线，具体使用方法详见文前的"任务索引"部分。

在本书编写过程中，得到了深圳钻之韵珠宝有限公司任辉厂长及厂内各部门相关首饰加工师傅的大力支持，另外辽宁机电职业技术学院领导、同事和宝玉石鉴定与加工专业的学生也对本书给予了关心和帮助，在此谨向他们致以诚挚的谢意！

作者在资料的收集、整理、总结和编写中都抱着积极认真的态度，但疏漏、不妥之处在所难免，敬请广大同行不吝指正，也希望广大读者在使用本教材时提出宝贵意见，以便以后修改，非常感谢！

编者

目 录

Contents

任务索引

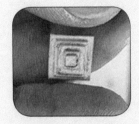

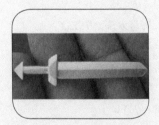

任务五　钉子戒指制作

难度系数★★　建议学时：4

任务六　四叶草戒指制作

难度系数★★★　建议学时：16

任务七　球形耳钉制作

难度系数★★★　建议学时：8

任务八　五角星胸针制作

难度系数★★★　建议学时：12

任务九　奔驰标吊坠制作

难度系数★★★★　建议学时：16

任务十　字符吊坠制作

难度系数★★★★　建议学时：12

任务十一　盒子制作

难度系数★★★★★
建议学时：20

首饰制作进阶训练

任务十四 掐丝戒指制作

难度系数 ★★★★★
建议学时：16

任务十五 编织手镯制作

难度系数 ★★★★ 建议学时：20

任务十六 麻花手镯制作

难度系数 ★★★★ 建议学时：16

任务二十二　如意算盘制作

难度系数★★★★★
建议学时：24

第一部分

首饰设计与制作
工艺流程

第一节　首饰设计简介

首饰制作的源头是首饰设计。首饰设计分"手绘设计"和"计算机设计"。

手绘设计（见图1-1-1）是设计师利用手工绘图的方式来进行首饰的设计工作。这种设计方式需要设计师具有高超的手工绘图基本功和创新能力。

计算机设计（见图1-1-2）是设计师以计算机为设计工具，运用首饰设计软件来进行首饰的设计工作。这种设计方式需要设计师能够熟练运用首饰设计软件来进行设计工作。所设计出的首饰作品数据可以直接转换成全自动起版机（如：3D打印机）所能够识别的数据来进行起版。常用的首饰设计软件有Jewel CAD、犀牛、MAYA等。

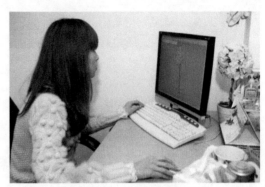

图1-1-1　手绘设计　　　　　　　　　　图1-1-2　计算机设计

设计师根据市场调研的结果，精心设计出各种新颖的产品样式图。经相关部门或客户仔细研究和评审，确定产品样式图后就可以进行产品生产了。不同特点的首饰在批量生产流程中所需经历的工序不同，下面简单介绍几种常见的首饰批量生产的工艺流程。

第二节　首饰制作工艺流程

一、一般首饰生产的工艺流程

一般首饰的生产制作都要经过以下几个步骤。

（1）开料　无论生产制作哪种款式的首饰，第一步都是开料。开料要根据不同的产品款式和工艺要求进行，例如，做项链就要把材料铸造成长条状，以便拉线；如果使用冲压工艺制作产品，则需要将材料按要求制作成板材，并且要达到一定的厚度以便轧板冲裁；如果做男式戒指，板材厚度要求在1.5 mm以上；如果是生产耳环，板材厚度则要求在0.5 mm以下。

（2）制型材　制型材就是根据不同的产品准备相应的材料。在这道工序中，要根据产品的不同款式和规格来制作型材。如：生产10g左右的水波纹项链，要将金线直径拉到0.5 mm；生产3~4g的耳环，要将金片厚度轧到0.35 mm；生产10g左右的男式戒指，则要将板材厚度轧到1.5 mm；生产竹节链，要将金属片制成金属六角管；生产手镯，则要根据手镯的配料单准备不同型号的型材。

（3）制作半成品　根据一般首饰的不同要求和工艺标准制作不同的半成品。

1）项链、手链。首先要圈环，然后将所圈的环剪开，再穿在一起焊接，最后根据不同订单所要求的长度组装好两端的搭扣。

2）戒指、耳环。根据所制的半成品型材，经过模具的冲压，再修整掉产品上的飞边和边角料，然后将产品锉光、圈圆。

3）手镯。手镯的制作工艺比其他一般首饰都要复杂，要使用不同的材料和各种型号的焊药进行组装拼焊，才能完成一件手镯的半成品。

（4）抛光、批花（车花） 经过以上工序制作的各种款式的半成品首饰，要经过半成品的机械抛光后再批花。批花前有些产品需要经过砂面处理的工序，喷砂、钉砂等一些特殊工艺要在批花前完成，然后才能进行批花。批花有两种方式，一种是传统的手工方式，即用自制的"批枪"批出传统的"龙""凤"或其他的吉祥图案；另一种是采用机械批花，批出线条流畅、图案精美的各种图案。

（5）精抛入库 批花后的产品已经基本定型，再经过细致的手工抛光，就能完成整件首饰的生产流程。手工抛光时要根据不同的产品款式，选择好不同的表面处理工艺，最后达到亮面光泽明亮，暗面均匀细致，明暗对比强烈的整体效果。批花后的项链要将项链两端的扣环抛亮后再烘干入库。

二、 浇铸首饰生产的工艺流程

浇铸是一种液态成型的方法，是一种传统的综合工艺，融物理、化学、机械等工艺于一体，并涉及复杂的几何学。随着科学技术的不断发展和生产水平的不断提高，浇铸工艺在首饰行业的运用也越来越广泛。浇铸工艺的使用范围较广，可以用来生产戒指、项链、耳环和手镯，也可以用来生产工艺摆件以及胸针、吊坠等。浇铸产品的生产特点是款式变化速度快、生产效率高，可满足大规模的批量生产要求。

浇铸首饰生产的工艺流程主要有以下几个步骤。

（1）起版 起版就是根据客户的订单和要求，以及产品设计图样的要求，由起版技师先用白银或其他材料按照图纸上的产品样式制作成等比例大小的实物作为母版（母版是所要制作的首饰的原型），然后根据制作出来的母版压制橡胶模。制作母版时，要考虑不同母版材料的收缩率，控制好产品的规格和重量，还应充分考虑浇口位置的合理性和科学性。起版是一件包含了若干首饰生产工艺的工作，需要起版技师了解各生产部门对产品的各种生产数据要求，不能有半点误差，否则很可能会出现因母版不够标准而使产品在生产过程中报废的情况。因此，起版是首饰批量生产流程中的重要工序。

当前行业中常使用的起版工艺主要有：手工雕蜡版、计算机制蜡版和手制银版三种。这三种工艺各有特点、相互补充。

手工雕蜡版（见图1-2-1）即在石蜡上雕刻出设计图样上的造型，再利用失蜡浇铸的方法铸造出银版。这种起版方式的缺点是：制作时间较长，版型不够精准，需要雕蜡的技师有十分高超的技术。优点是：可以随时根据不同的要求做出相应的调整、更改。各种曲面、多变的造型可以很好地表现出来。

计算机制蜡版（见图1-2-2）不同于手工雕蜡版，它是通过设计师将计算机首饰设计软件所设计出来的图样与喷蜡机或雕蜡机相结合，制作出蜡模造型，再使用失蜡浇铸的方法铸造出银版。其缺点是：各种复杂的曲面、多变的造型表现所用时间较长，对设计师要求高。优点是：各个细节都比较到位，可以同时起出首饰上的钉、爪，而且非常整齐。如果有镶石部分，对宝石的要求很高，所以看起来也比较有质感。

手制银版（见图1-2-3）就是起版技师直接使用纯银采用手工制作的方式来制作设计图样上的模型。其缺点是：由于对起版技师的技术要求非常高，所以费用也非常的高。优点是：可以直接制出银板进行压模。

图1-2-1 手工雕蜡版

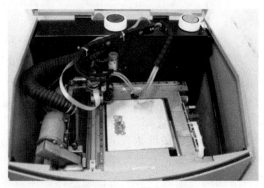

图1-2-2 计算机制蜡版

图1-2-3 手制银版

因为前两种起版的方式是先要做出蜡版，所以要先将蜡版通过失蜡浇铸的方法制作成银版。

需要镶石的银版起钉有两种情况，一种是手工起钉，另一种是机器起钉。手工起钉的优势在于它可以根据宝石的情况和不规则的形状去排列好镶石钉的位置，但效果看起来没有那么整齐、有序，这种方法非常考验起版技师的技术。机器起钉的优势在于所起出来的版上的钉分布整齐、有序，但对宝石的要求非常高，必须在尺寸上一致。

（2）制作胶模　起版技师制作好了一件银版后，就可以通过拷贝的方式复制出多个同样的产品，来满足客户对多件产品的需求。

制作胶模（见图1-2-4）就是将制作好的银版按照胶模开模程序进行填模、硫化和切割开模，制作成一个中空的橡胶模具。首先要根据银版的大小选择合适的胶模铝框（压模框），然后将银版用制作首饰胶模专用的生胶片完全包裹起来，塞进压模框，再放入压模机，并压紧一段时间后，经压模机的加压、加热作用进行橡胶的硫化反应，使之变成一个把银版整体包裹起来的橡胶块（硫化的时间和温度应视铝框的规格而定）。

胶模制作完成后，沿银版的边线切割进行开模，将胶块内的银版取出，胶模中就形成一个产品的型腔，在型腔中注蜡就可以得到产品的原始坯胎（见图1-2-5）。

胶模开得好就能使用多次，制蜡就会方便快捷，提高工作效率。开胶模对开模技师的技术水平要求很高。

图1-2-4 制作胶模

图1-2-5 开胶模

（3）制蜡、修蜡和种蜡树 橡胶模制好后，就可以反复使用压好的胶模铸出蜡件。制蜡（见图1-2-6）就是将加温液化的蜡液加压冲注进胶模的型腔内，冷却后形成蜡件，再经修理成型，制出的蜡件就是浇铸产品的坯胎。所铸出的蜡件要求薄厚、大小一致，不变形，蜡件表面要光滑，无批锋，无气泡，无残缺。因为蜡件修好了就要铸造出胚件（胚件的大小和形态与蜡件相同），所以修好的蜡件要保证完全符合要求（见图1-2-7）。

将制作好的蜡件按照一定的顺序、方向、斜度，用电烙铁沿圆周方向依次分层地焊接在一根蜡棒上，最终得到一棵形状酷似树形的蜡树。蜡树的主干与蜡件之间应该保留一定的夹角，这样可以保证在浇铸环节中金属液体能顺利地通过型腔到达胚件的末端（见图1-2-8）。

图1-2-6 制蜡

图1-2-7 修蜡

图1-2-8 种蜡树

（4）制作石膏模 根据不同的产品式样、规格以及产品的复杂程度来选择石膏粉与水的比例，一般为37或40份的水（按体积计算）配比100份的石膏粉。先量好水量，然后倒进石膏粉，搅拌2~3分钟。在搅拌的同时要进行抽真空操作，以免石膏浆中有大量的气泡。将种好的蜡树连同底盘一起套上不锈钢钢铃，再将相应重量的已经搅拌并抽完真空的石膏沿钢铃的内壁缓缓注入，直至石膏浆没过蜡树，再次抽真空后将钢铃自然放置2~3小时使石膏浆凝固。凝固后将去掉底盘的钢铃放入炬炉进行升温烘焙，经高温烘焙使炬炉里石膏模内的蜡液融化流出并蒸发进行脱蜡。

（5）浇铸 将成型的蜡版用失蜡铸造工艺进行铸造，即俗称的倒模。

石膏模经过脱蜡和高温焙烧后就可以降温出炉浇铸了。在石膏模的烘焙接近尾声时，同时用熔金机将已配好的金（如18K金，14K金）熔化并使其保持液态（见图1-2-9）。待石膏模到达保温的温度后，将金水从石膏模的浇口注入，完成浇铸（见图1-2-10）。

图 1-2-9　熔金

图 1-2-10　浇铸

在制作石膏模前必须先称好蜡树的重量，倒模时需根据蜡树的重量来确定相应金属的重量。一般加料的比例为：黄金的加料量是蜡树的 20 倍，白银的加料量是蜡树的 15 倍，黄铜的加料量是蜡树的 10 倍。另外，在浇铸过程中还应根据不同的产品选择不同的浇铸温度。

浇铸后的石膏模处于高温状态，从浇铸机中取出后自然放置 10～30 分钟，再放入冷水中进行炸洗。取出金树，浸泡、清洗，除去残留的石膏，直至金树表面干净。将金树上的首饰沿浇口底部剪下，晾干即可进入下一道工序——执模。

（6）执模　由于铸造产生的缩孔和变形，铸件的外表通常会有沙眼、批锋、重边、凹陷甚至断裂等现象，需要进行修补、校正和表面处理。这个进行修补、校正和表面处理的过程就是执模（见图 1-2-11、图 1-2-12）。

图 1-2-11　执模一

图 1-2-12　执模二

执模的主要工作就是将铸造出来的半成品进行修形等粗加工处理。内容有焊接和补焊；用锉刀锉批锋、毛边；用砂纸钑、推；用牙针钑、打；用钻针钻；用锤敲打等，即用各种工具对铸件进行表面处理。

执模后的货品要达到线条顺畅、角度标准、死角干净、光滑无刺、无沙洞、无裂痕、无焊接痕迹等要求。

（7）冲模　首饰生产过程中如果需要制作薄片、小配件、细丝等加工困难的产品时，要使用冲模技术来制作（见图 1-2-13）。

图 1-2-13 冲模

冲模技术是先要用大的金块或条制作出所需的薄片、线材、管材，再用制作好的钢制模具，在强大的压力下对薄片、线材、管材进行快速冲压、切割成型的方法。优点是制作时间短、效率高。缺点是只能做一些相对简单的款式。随着各种先进设备的不断应用，冲模技术所制作的产品的款式也在不断地改变。

冲模产品需要注意的问题：平面冲压要求无批锋，冲出的产品不能变形，孔位要端正，有字体的要清晰、平整，无崩裂、无缺口，空心件的焊接面要光滑，无凹凸不平的缺陷，拉出的线要光滑无痕等。

(8) 车花　车花就是使用车花机上高速旋转的金刚石刀头，在首饰的表面车出炫丽的图案来美化首饰的工艺，包括机械车花和手工车花（见图 1-2-14、图 1-2-15）。

有些珠宝首饰会根据需要在表面打造出不同的花样，这些花样图案都是通过车花机车削出来的。车花机上用的车花刀是金刚石刀头，由于金刚石刀头的刀尖角度不同，所以可以将首饰表面车削成不同的花样。因为金刚石的硬度高，所以用金刚石刀头车出来的花纹会更精细、形象。由于金的密度比较大，所以在它上面车出的花会更加炫丽。

图 1-2-14 机械车花

图 1-2-15 手工车花

(9) 镶石　镶石就是根据设计需要，在珠宝首饰上镶嵌相应宝石的工艺。镶嵌工艺是珠宝首饰加工中必不可少的一道工序，只有镶嵌上绚丽多彩的各种宝石，才能让首饰绽放出夺目的光彩，从而让首饰身价倍增，高贵无比。

镶石的主要方法有爪镶、钉镶、包镶、迫镶、微镶、无边镶等。

爪镶是镶石技术中最普遍的一种方法。顾名思义，爪镶是在起版时预留的爪位镶口上镶嵌宝石的一种镶嵌方法，即用多个镶石爪均匀地分布在宝石周围，将宝石牢牢抓住。这种镶石方法适用于所有的宝石，而且也是众多镶石方法中最简洁易镶的。

钉镶是在首饰的表面上起出若干比镶石爪略小的钉状爪位，来进行宝石镶嵌的方法。这种镶石方法多用于将小颗粒宝石密集地镶嵌在首饰上，经过多粒宝石密集镶嵌过的首饰会绽放繁星般的璀璨光芒。

包镶是将宝石腰部完全包裹住的一种镶法，一般是在镶口周围根据宝石的大小，在镶口边缘处挖出一个槽位，再将宝石卡到槽位里，再进行敲实或压边处理。

迫镶是在两条长度相等且平行的边槽中进行镶石的一种方法，这种镶法镶出的效果比较显石，但在受到外力作用时，宝石容易松动。

微镶（见图1-2-16、图1-2-17）是所有镶石方法中最为精确的一种，因为微镶需要利用放大镜辅助镶石，所以这种镶嵌方法最为细致，要求整个镶石面的高度一致，这种镶法对宝石的要求非常高，而且制作成本也比较高。

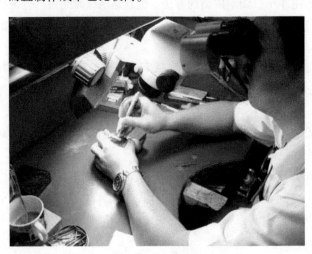 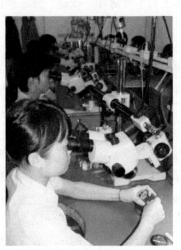

图1-2-16 微镶一　　　　　　　　　　　图1-2-17 微镶二

无边镶是把宝石镶嵌在镶口中的暗槽上，即宝石上的切割凹槽与镶口中的凸暗槽进行无缝隙的嵌接。这种镶嵌方法需要宝石大小一致、标准，并都是有明显角度的宝石，如公主方。这种镶嵌方法镶嵌出来的首饰由于能够呈现出大面积的石面，更能显示出首饰的豪华高贵。

在镶嵌过程中要注意不能敲打到宝石，不要损伤到宝石，要结合敲、压、钳、铲等工艺、手法来细心操作。

（10）打磨　以上的工序都做好后就可以打磨抛光了。

抛光就是把执模、镶嵌后的产品用抛光机来进行表面增光的精细处理操作。经过抛光机上抛光轮的高速旋转可以将产品的表面打磨光亮，这样可以使产品表面放射出耀眼的光芒，包含布轮抛光和毛扫抛光（见图1-2-18、图1-2-19）。

产品与高速旋转的抛光轮之间的摩擦会产生高温，使金属的塑性提高，使表面上细微不平的位置得以改善，提高产品的光亮度。抛光需要有一定的技巧，既能使产品表面光亮，又要降低贵金属的损耗。因为抛光会把产品不光滑的表面打磨掉，所以会有一定的损耗。

图1-2-18　布轮抛光

图1-2-19　毛扫抛光

（11）电金　最后一道工序也是非常关键的一道工序——电金处理。主要工作就是对产品的表面通过电镀等工艺的进一步处理，使一件珠宝首饰达到最佳的效果（见图1-2-20、图1-2-21）。

因为K金首饰的原材料是24K金和其他金属按照一定比例配制而成的，配出的色泽会有偏差，所以要经过电金调色后才能达到最佳效果。

图1-2-20　电金一

图1-2-21　电金二

电金分为电白色、电黄色、电红色、电黑色，还可以进行分色电金。电金需要经过多道工序的处理才能完成。主要有除蜡、清洗、电解、涂油、喷沙、点沙、蒸气除污等，所以要经过多道质量检验后才能完成电金的整道工序。电金完成后，产品经过质量检验后就可以出货了（见图1-2-22、图1-2-23）。

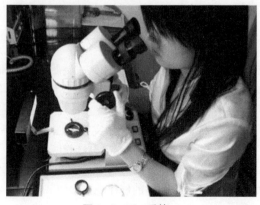
图1-2-22　质检一

图1-2-23　质检二

三、 电铸首饰生产的工艺流程

电铸工艺是一种新型的首饰及工艺品的生产工艺。电铸产品生产采用中空电铸的方法，所以看似体积较大，重量却较轻，多用作生产工艺摆件、挂件等。产品多半取材于民间传统吉祥图案以及栩栩如生的动物图案。

电铸和电镀有许多相似之处，在工艺流程上也有许多相同点，但是电铸和电镀的根本目的不一样。电镀是在产品表面镀上一层或几层不同的金属，使产品的表面更加美观，起到保护和装饰产品的作用；而电铸则是加厚电镀层，达到通过母模直接生产出造型各异的产品的目的。

电铸金饰品近年来在国际上发展迅猛，其中尤以日本和意大利最为突出。由于采用先进的计算机控制程序控制整个电铸的过程，配以先进的电铸工艺设备，因而能电铸出造型复杂、形态逼真、精度较高的各类金摆件及金首饰。

其制作工艺有以下几个步骤：

（1）产品设计　根据订单的要求，设计人员依照产品要素设计产品图样，并着色成效果图。

（2）制版　制版人员根据产品图样进行制版。在制版过程中要充分考虑到产品的后续处理，如修蜡和抛光等。制版要求线条流畅、轮廓分明、图案清晰逼真。

（3）制作胶模　制作胶模就是将制作好的银版按照胶模的开模程序进行填模、硫化和切割开模，制作成一个中空的橡胶模具。

（4）修蜡　将浇注好的蜡件，根据要求进一步修整，去掉毛刺和飞边，使蜡件的整体效果逼真，并安装好电铸时需要使用的挂钩。

（5）涂银油　电铸是一种化学成型的方法，产品的表面在电铸过程中需要能够导电，但由于蜡是绝缘体，因此要在蜡件的表面涂上一层银油，使其具有良好的导电性能。涂银油要均匀一致，不准有任何死角，否则就会因电铸缺陷而导致产品报废。

（6）电铸　涂好银油的蜡件应放在空气中风干，然后放入电铸缸中按照电铸原理设置好的程序自动完成电铸过程。如果需要控制电铸产品的重量，则可以通过控制电铸层的厚度来实现，而电铸层的厚度是由电铸时间控制的，因此要充分掌握和运用好电铸时间。电铸过程的时间是非常关键的。

（7）清洗除蜡　电铸好的产品经过反复清洗后取下电铸钩，将产品放入蒸汽炉中除蜡，除蜡前应将产品轮廓线通过手工压光的方法勾勒出来。

（8）清洗抛光　脱蜡后的电铸产品是空心的，由于产品件大壁薄，因此除过银油、脱过蜡的产品一定要用无离子水反复冲洗，再经过最后一道工序——精细手工抛光后才能烘干入库，这样一件完整的电铸首饰产品就算完成了。

四、 摆件产品生产的工艺流程

摆件分为素摆件和花丝摆件。摆件制作采用了花丝、镶嵌、錾花、掐花、烧蓝、制胎、焊胎和翻模等多种制作工艺，其难度较大，一般情况下摆件的生产和制作需要由经验较丰富的高级技师操作，其制作步骤如下。

（1）图样设计　根据客户的要求进行图样设计，或者按照客户提供的产品实物绘图。设计者在图样上应说明制作工艺要求以及制作效果的要求等，使制作人员一目了然并看懂设计意图。

（2）图样分析和拆分　当产品图样设计好后，制作人员根据图样要求进行分解（因为一个摆件不可能一次成型或完成），将分解的零部件图样整理好，然后进行零部件的制作分工。

（3）下料　根据分配的任务和图样要求以及产品制作工艺的要求，对整个产品各个零部件所需的材料进行准备。备料的原则是合理，既要能完成产品的制作，又要减少浪费，因此备料前的各个环节都要计算准确，力争达到准确无误。

（4）零部件的制作　根据所需零部件进行不同工艺的准备，如采用花丝、镶嵌、錾花等工艺制作的图案和其他零部件。

（5）坯胎的制作　摆件的坯胎就是一件产品的主题，它的制作工艺方法不同于其他首饰制作的工艺方法。坯胎通常有两种：一种是瓶、罐、壶、杯、盘、碗之类的实用工艺品，其形状一般较规则，大多采用机械冲压成型，有的则以手工配合制作坯胎，主要是运用不同形状的锤头打制胎型，制作过程中应掌握"镂""墩""闪""光"等基本操作要领。"镂"就是敲打出大体形状，"墩"就是窝出形状，"闪"就是在羊蹄（一种打击工具）上锤出喇叭形的口，"光"则是锤光圆弧面和平面，要求锤出的面有光洁度和平度，不能有棱面。另一种是人物、动物等纯欣赏的摆件，大多采用制模的方法。制模一般要经过泥模、翻石膏坯、合焊拼接等几道工序，最终才能完成坯胎的制作。

（6）组装　在各个零部件和坯胎分别制作好后，按照图样的要求将零部件组装在坯胎上并且焊接牢固，并做适当的补焊和修磨处理。

（7）抛光电镀　焊接组装好的工艺摆件要经过表面处理和抛光，抛亮后清洗干净再电镀。根据要求可以镀成白色，如镀银；也可镀成黄色，如镀金，这样一件完美的工艺摆件就完成了。

随着贵金属加工技术及3D打印技术的发展和应用，如今许多黄金及白银摆件产品基本上都采用电铸的方式进行生产。

第二部分

首饰制作基本功分项练习

练习一　材料准备 →

压片机介绍

一、常用工具及使用方法

1. 常用工具介绍

（1）压片机　压片机能够对材料压片、压线进行操作，压线形状依据压片机两辊的形状而定。电动压片机（见图2-1-1）压片、压线速度比较快，手动压片机（见图2-1-2）压片、压线速度比较慢。

图2-1-1　电动压片机

图2-1-2　手动压片机

（2）拉线板　拉线板（见图2-1-3、图2-1-4）能进行拉线及拉管操作。拉线板的种类及规格比较多，按照拉线板上孔洞的形状分为圆线拉线板、方线拉线板、三角线拉线板、六角线拉线板等，其中圆线拉线板比较常用。

拉线工具介绍

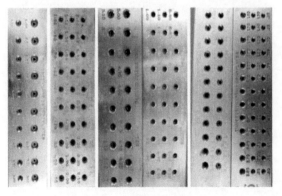

图2-1-3　各种形状拉线板

图2-1-4　拉线板背面

（3）其他工具 其他工具有拉线钳及拉线凳子（见图2-1-5）、锤子、坑铁等工具。

图2-1-5 拉线钳及拉线凳子

2. 工具的使用方法

（1）压片机的使用方法

1）根据所需材料的参数准备合适的材料，以便进行相应的操作。压片应准备厚度合适的（比所需材料略厚且能够使用压片机进行压片操作）片状材料，压线应准备粗细合适的（比所需材料略粗且能够使用压片机进行压线操作）条状材料。

2）将材料进行退火操作，然后让材料自然冷却，再进行压片（或压线）操作。重复进行退火—冷却—压片（或压线）操作直至压出所需规格的材料为止。

3）压片（或压线）过程中，应注意压片机的两辊之间的间距，每次调节幅度不应太大（每次调节高度不得超过0.1mm）。

4）压方线时，两辊之间的间距每调节一次，至少要进行两次压线操作，即先进行一次压线操作，然后将条状材料旋转90°再进行一次压线操作。若所需材料的精度要求较高，则可以多进行几次不同角度的压线操作。

（2）拉线板的使用方法

1）选择孔洞形状及粗细合适的拉线板并准备相应的材料。拉线（或拉管）前要准备形状及粗细合适的材料，如拉线要有线状材料，拉管要有片状材料或管状材料。

2）退火。将材料进行退火操作来去除材料的内部应力。

3）拉线（或拉管）。固定拉线板（可以将拉线板放在拉线凳子上用脚踩着固定，也可以将拉线板固定在压片机的拉线板卡槽中），然后对材料进行拉线或拉管操作。

注意事项：

1）每次压片、压线、拉线及拉管前要进行充分的退火操作。

2）压片、压线时压片机两辊之间的间距调节速度不宜过快（每次调节高度不得超过0.1mm），以免因形变太大而破坏材料的内部应力，而使材料出裂。

3）使用电动压片机时应注意安全操作。

二、 基本操作示例

1. 压片

1）退火：用焊枪对材料进行退火操作（见图2-1-6），然后让材料自然冷却（见图2-1-7）。

材料准备-压
片、压线

图2-1-6 退火

图2-1-7 自然冷却

2）压片：使用压片机对材料进行压片操作，直到材料恢复较硬的状态。然后重复退火—冷却—压片的操作，直至压片完成（见图2-1-8～图2-1-13）。

图2-1-8 调节压片高度

图2-1-9 调节压片高度完成

图2-1-10 准备打开控制开关

图2-1-11 压片

图2-1-12　压片完成一

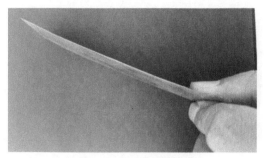
图2-1-13　压片完成二

注意事项：

每次压片前均要进行退火操作；退火操作要进行充分。

2. 压线

1）退火：用焊枪对铜线进行退火操作（见图2-1-14），然后让其自然冷却。

2）压线：选择压片机上适当的孔，然后将两辊的间距调节好，再使用压片机对材料进行两次压线操作。然后重复退火—冷却—压线的操作，直至压线完成（见图2-1-15～图2-1-17）。

图2-1-14　退火

图2-1-15　调节压线高度

图2-1-16　压线

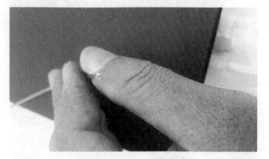
图2-1-17　压线完成

注意事项：

每次压线前均要进行退火操作；退火操作要进行充分。

3. 拉线

1）用焊枪对铜线进行退火操作（见图2-1-18），然后让其自然冷却（见图2-1-19）。

材料准备–压片、压线

材料准备–压线、拉线

图2-1-18　退火

图2-1-19　自然冷却

2）使用锉刀将铜线的一端锉细，使铜线较细的一端能够穿过拉线板上相应的拉线孔。然后将铜线较细的一端穿过拉线板上相应的孔，并将拉线板固定在压片机上的拉线板卡槽中，用尖头钳将铜线拉出一部分最后使用拉线钳夹紧铜线上较细的一端，用力将其拉出（见图2-1-20~图2-1-24）。

3）对拉出的铜线进行退火操作后让其自然冷却，然后再进行拉线操作。重复进行退火—冷却—拉线操作，直到将铜线拉到指定粗细（见图2-1-25）。

图2-1-20　锉细铜线一端

图2-1-21　将铜线尖端穿过合适的孔

图2-1-22　用尖头钳将铜线拉出一部分

图2-1-23　用拉线钳拉线一

图2-1-24　用拉线钳拉线二

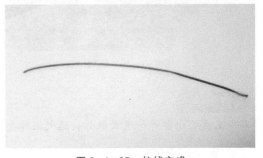

图2-1-25　拉线完成

注意事项：

　　每次拉线前均要进行退火操作；退火操作要进行充分；铜线穿过拉线板上的孔时注意穿线的方向，应该遵守大孔入、小孔出的原则；注意拉线前最好在材料表面均匀涂上机油，来提高拉线时的润滑效果。

4. 拉管

1）准备一条宽度约为 0.5~0.8mm、厚度约为 0.2~0.5mm 的薄铜片（材料的具体参数根据所要得到的铜管来确定），然后将铜片退火（见图 2-1-26），再让材料自然冷却备用。

2）用坑铁、锤子等工具将条状铜片整体敲成槽状，然后将机针垫在 U 形槽中，并使用平头钳将 U 形槽夹至宽窄均匀。再使用平头钳将 U 形槽的一端夹尖且能够穿过拉线板上直径较大的孔，再将拉线板固定在压片机的拉线板卡槽中，最后使用拉线钳夹紧 U 形槽，穿过拉线孔的尖头的一端，用力将其拉出（见图 2-1-27 ~ 图 2-1-33）。

图 2-1-26　铜片退火

图 2-1-27　用坑铁、锤子等工具将铜片敲成 U 形槽

图 2-1-28　用平头钳夹 U 形槽

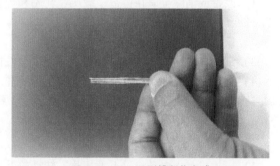

图 2-1-29　U 形槽制作完成

图 2-1-30　将 U 形槽一端夹细

图 2-1-31　U 形槽一端夹细完成

图 2-1-32 将 U 形槽穿过合适的孔

图 2-1-33 拉管

3）对拉出的铜管进行退火操作后让其自然冷却，再进行拉管操作。重复进行退火—冷却—拉管操作，直到将铜管拉至指定粗细。

注意事项：

每次拉管前均要进行退火操作；退火操作要进行充分；U 形槽穿过拉线板上的孔时注意穿插的方向，应该遵守大孔入、小孔出的原则；拉管前最好在材料表面均匀涂上机油来提高拉管时的润滑效果；长条形铜片的宽度视所要拉管粗细而定，厚度视所要拉管壁厚而定。

三、 相关知识拓展

1.退火

退火是将工件加热到预定温度，保温一定的时间后缓慢冷却的金属热处理工艺。

退火的目的在于：

1）改善或消除金属在铸造、锻压、轧制和焊接过程中所造成的各种组织缺陷以及残余应力，防止工件变形、开裂。

2）软化材料以便进行切削加工。

3）细化晶粒，改善组织以提高工件的机械性能。

4）为最终热处理（淬火、回火）做好组织准备。在金属加工领域，退火温度是指退火时金属应加热达到的温度，不同金属材料的退火温度为：铂，900～1000℃；铜，650℃；黄铜，600～650℃；镍银，650～680℃；铝，283～350℃等。

2.电动压片机操作规程

1）压片机是由电动机、上下压片、转动轮及转换开关等组成。

2）开机前应清除工作现场有碍操作的杂物，擦净机器，检查上下轮或压线槽表面有无异物，两轮间的缝隙是否一致，不一致应及时调整。

3）操作时必须先开机空转试机，观察润滑油路是否畅通，是否需加注润滑油，确认机器是否有异常声音和不正常的振动，确定无异常时方可生产；压片、压线时应注意上压片、线轮的下调幅度不要太大。

4）生产过程中若遇停电，必须先关闭机器电源总开关方可开始清理工件，须防突然来电造成事故。

5）每天工作完毕，必须关闭电源总开关，清理工作场地，擦净机器并涂上润滑油或防锈油。

6）压片操作前应先对材料进行退火处理。

3.闭口戒指制作时所需材料长度的确定方法

1）使用手寸圈确定所要制作的戒指圈号大小（如圈号为 20）。

2）将圈号为 20 的手寸圈套在戒指尺上并卡紧，然后确定 20 号手寸圈在戒指尺上所对应的数字（数字为 60，表示手寸为 20 号的戒指的内壁周长为 60mm）。

3）使用游标卡尺测量戒指制作材料的厚度（如厚度为 1.5mm）。

4）按照公式"材料长度 = 戒指内壁周长 + 材料厚度 ×2"来计算闭口戒指制作时所需材料的长度。

5）因在闭口戒指的制作过程中需要进行焊接，而焊接前需要将材料的焊接面进行锉削处理，所以在进行戒指材料准备时需留有适当的余量。

4. 万字链链芯的选择

1）万字链的链颗形状为椭圆形，所以需要使用椭圆形的链芯来绕链。假设椭圆形链芯的长直径为 D，短直径为 d，制作万字链所使用线材的直径为 R。

2）一般情况下，$D = 3.3 \times R$，$d = 1.7 \times R$。如有特殊需要，要按实际情况来确定链芯的参数。

5. 侧身链链芯的选择

1）侧身链的链颗形状为椭圆形，所以需要使用椭圆形的链芯来绕链。假设椭圆形链芯的长直径为 D，短直径为 d。

2）一般情况下，当制作侧身链所使用线材的直径为 R ≤1mm 时，$D = 2.5 \times R$，$d = 2 \times R$；当制作侧身链所使用线材的直径为 R >1mm 时，$D = 2.3 \times R$，$d = 1.9 \times R$。如有特殊需要，要按实际情况来确定链芯的参数。

6. 珍珠链链芯的选择

1）珍珠链的链颗形状为圆形，所以需要使用圆形的链芯来绕链。假设圆形链芯的直径为 D，制作珍珠链所使用线材的直径为 R。

2）链芯的计算公式：$D = \dfrac{R}{2} \times K$。链芯的直径可根据珍珠链的重量来确定 K 值，一般情况下 K 值取 3，当需要加大珍珠链的重量时，K 值可大于 3。

四、 练习任务

任务一 宝塔制作	
工序 1 宝塔 – 材料准备	**任务要求**：准备一块长度大于 35mm、宽度为 10mm、厚度为 1mm 的黄铜板。 **任务制作**：购买厚度为 3mm 的成品黄铜板。如果备料批量较大的话，可使用剪板机将黄铜板裁剪成要求大小；如果备料批量较小，则可以使用线锯进行材料准备工作。 **注意事项**：在使用剪板机的时候要注意安全操作。

任务二 台阶制作	
工序 1 台阶 – 材料准备 	**任务要求**：准备一块长度大于 55mm、宽度为 5mm、厚度为 1mm 的黄铜板。 **任务制作**：购买厚度为 3mm 的成品黄铜板。如果备料批量较大的话，可使用剪板机将黄铜板裁剪成要求大小；如果备料批量较小，则可以使用线锯进行材料准备工作。 **注意事项**：在使用剪板机的时候要注意安全操作。

任务三　铜剑制作

工序 1 铜剑 – 材料准备	**任务要求**：准备一块长度为 100mm、宽度为 15mm、厚度为 3mm 的黄铜板。 **任务制作**：购买厚度为 3mm 的成品黄铜板。如果备料批量较大的话，可使用剪板机将黄铜板裁剪成要求大小；如果备料批量较小，则可以使用线锯进行材料准备工作。 **注意事项**：在使用剪板机的时候要注意安全操作。

任务四　万字链制作

工序 1 万字链 – 材料 准备	**任务要求**：准备一条直径为 1mm、长度为 1 米的黄铜线（用于绕链）。 **任务制作**：有条件的话，可直接购买直径为 1mm 的成品黄铜线。也可以购买直径大于 1mm 的成品黄铜线，然后通过拉线的方式来准备直径为 1mm 的黄铜线。若购买的铜线直径比较大，则可以先通过压线的方式，将较粗的铜线压成截面边长大于 1.2mm 的较细的方线，然后再通过拉线的方式来准备直径为 1mm 的黄铜线。 **注意事项**：压线及拉线需要按照正常的操作规程进行；因为黄铜这种材料在压线时所产生的内部应力较大，容易出裂，所以在进行压线操作时需要控制压线速度。

任务五　钉子戒指制作

工序 1 钉子戒指 – 材 料准备 	**任务要求**：准备一段截面边长为 2.1mm、长度不小于 80mm 的方形黄铜线（用于制作戒指）。 **任务制作**：购买直径为 3mm 的黄铜线。通过压线的方式准备任务要求的材料。 **注意事项**：因为黄铜这种材料在压线时所产生的内部应力较大，容易出裂，所以在进行压线操作时需要控制压线速度。

任务六　四叶草戒指制作

工序 1 四叶草戒指 – 材料准备	**任务要求**：准备一块边长不小于 20mm、厚度为 3mm 的正方形黄铜板（用于制作戒台）。 　**说明**：准备的材料大一些，方便将所画的图案从材料上锯下来。 　　　　再准备一条长度不小于 80mm、宽度为 3.5mm、厚度为 1mm 的黄铜片（用于制作戒指圈）。 **任务制作**：购买厚度为 3mm 及 1mm 的成品黄铜板，然后使用剪板机或线锯进行材料准备工作。 **注意事项**：在使用剪板机的时候要注意安全操作。

任务七　球形耳钉制作

工序 1 球形耳钉 – 材 料准备	**任务要求**：准备一块长度为 50mm、宽度为 10mm、厚度为 0.5mm 的黄铜片（用于制作半球）。 　　　　再准备一段长度不小于 25mm、直径为 1mm 的黄铜线（用于制作耳钉插棍）。 **任务制作**：厚度为 0.5mm 的黄铜片可直接购买成品，也可使用厚度为 1mm 的黄铜板通过压片的方式获得。直径为 1mm 的黄铜线可直接购买成品，也可通过拉线的方式获得。 **注意事项**：如果需要通过压片、拉线的方式获得任务要求材料，则压片及拉线需要按照正常的操作规程进行。

任务八　五角星胸针制作

工序1
五角星胸针－
材料准备

任务要求：准备一块边长不小于20mm、厚度为3mm的正方形黄铜板（用于制作五角星）。

　　　　说明：准备的材料大一些，方便将所画的图案从材料上锯下来。

　　　　　　　再准备一段长度不小于15mm、直径为1.1mm的黄铜线（用于制作胸针的插棍）。

任务制作：购买厚度为3mm的成品黄铜板，然后使用剪板机或线锯进行正方形黄铜板的材料准备工作。直径为1.1mm的黄铜线可直接购买成品，也可通过拉线的方式获得。

注意事项：在使用剪板机的时候要注意安全操作。如果需要通过拉线的方式获得任务要求材料，则拉线需要按照正常的操作规程进行。

任务九　奔驰标吊坠制作

工序1
奔驰标吊坠－
材料准备

任务要求：准备一块边长不小于20mm、厚度为3mm的正方形黄铜板（用于制作奔驰标吊坠的主体）。

　　　　说明：准备的材料大一些，方便将所画的图案从材料上锯下来。

　　　　　　　购买厚度为3mm的成品黄铜板，然后使用剪板机或线锯进行正方形黄铜板的材料准备工作。

任务制作：购买厚度为3mm的成品黄铜板，然后使用剪板机或线锯进行正方形黄铜板的材料准备工作。直径为1.1mm的黄铜线可直接购买成品，也可通过拉线的方式获得。

注意事项：在使用剪板机的时候要注意安全操作。

工序15
奔驰标吊坠－
外圈材料准备

任务要求：准备一段截面边长为2.1mm、长度不小于80mm的方形黄铜线（用于制作奔驰标吊坠的外圈）。

任务制作：购买直径为3mm的黄铜线。通过压线的方式准备任务要求的材料。

注意事项：因为黄铜这种材料在压线时所产生的内部应力较大，容易出裂，所以在进行压线操作时需要控制压线速度。

任务十　字符吊坠制作

工序1
字符吊坠－材
料准备

任务要求：准备一块长度不小于45mm、宽度不小于25mm、厚度为1mm的长方形黄铜板（用于制作字符吊坠的主体）。

　　　　说明：准备的材料大一些方便将所画的图案从材料上锯下来。

　　　　　　　再准备一段长度不小于15mm、直径为1.1mm的黄铜线（用于制作吊坠的圆环）。

任务制作：购买厚度为1mm的成品黄铜板，然后使用剪板机或线锯进行长方形黄铜板的材料准备工作。直径为1.1mm的黄铜线可直接购买成品，也可通过拉线的方式获得。

注意事项：在使用剪板机的时候要注意安全操作。如果需要通过拉线的方式获得任务要求材料，则拉线需要按照正常的操作规程进行。

任务十一　盒子制作

工序1
盒子－材料准备

任务要求：准备一块长度不小于85mm、宽度不小于25mm、厚度为1mm的长方形黄铜板（用于制作盒子的主体）。

　　　　说明：准备的材料大一些，方便将所画的图案从材料上锯下来。

　　　　　　　再准备一块长度不小于10mm、宽度不小于7mm、厚度为0.5mm的长方形黄铜板（用于制作盒子扣）。

　　　　　　　最后准备一段长度不小于25mm、直径为0.5mm的黄铜线（用于穿盒子的合页）。

任务制作：购买厚度为1mm的成品黄铜板，然后使用剪板机或线锯进行长方形黄铜板的材料准备工作。厚度为0.5mm的黄铜片可直接购买成品，也可使用厚度为1mm的黄铜板通过压片的方式获得。直径为0.5mm的黄铜线可直接购买成品，也可通过拉线的方式获得。

注意事项：在使用剪板机的时候要注意安全操作。如果需要通过压片、拉线的方式获得任务要求材料，则压片和拉线需要按照正常的操作规程进行。

	任务十一　盒子制作
工序 21 盒子－备管料 及退火 	**任务要求：** 准备一块长度不小于 100mm、宽度约为 5mm、厚度为 0.4mm 的长方形黄铜板（用于制作合页管）。 **任务制作：** 购买厚度为 0.5mm 或 1mm 的成品黄铜板，然后使用剪板机或线锯裁剪出一块合适大小的长方形黄铜板，再通过压片的方式获得厚度为 0.4mm 的黄铜片，最后使用剪板机或剪刀将厚度为 0.4mm 的黄铜片裁剪成任务要求的规格。 **注意事项：** 在使用剪板机的时候要注意安全操作。如果需要通过压片的方式获得任务要求材料，则压片需要按照正常的操作规程进行。
工序 23 盒子－拉管 	**任务要求：** 准备一条外径为 1mm、内径为 0.5mm 的黄铜管。 **任务制作：** 使用前面所准备的管料，通过拉管的方式获得任务要求的材料。 **注意事项：** 拉管需要按照正常的操作规程进行。

	任务十二　弧面戒指制作
工序 1 弧面戒指－ 压半圆形线材 （QR code）	**任务要求：** 准备一段长度不小于 80mm、厚度为 2.1mm、截面为半圆形的银条。 **任务制作：** 先将银料熔成条状；然后使用压片机上的方形压线孔进行压线操作，将银条压成边长为 5mm 的方线；再使用压片机上的半圆形压线孔进行压线操作，最终得到任务要求的材料。 **注意事项：** 压线需要按照正常的操作规程进行。

	任务十三　编织戒指制作
工序 1 编织戒指－材料 准备（拉线） （QR code）	**任务要求：** 准备一条直径为 1.8mm、长度不小于 800mm 的银线。 **任务制作：** 先将银料熔成条状；然后使用压片机上的方形压线孔进行压线操作，将银条压成边长为 2mm 的方线；再使用圆形拉线板进行拉线操作，最终得到任务要求的材料。 **注意事项：** 压线和拉线需要按照正常的操作规程进行。
工序 2 编织戒指－材料 准备（裁剪） （QR code）	**任务要求：** 准备 5 条直径为 1.8mm、长度为 150mm 的银线。 **任务制作：** 使用剪钳将上一道工序中准备好的直径为 1.8mm、长度不小于 800mm 的银线裁剪成 5 段长度为 150mm 的银线。 **注意事项：** 在裁剪之前应将银线拉直。
工序 5 编织戒指－压 实麻花 （QR code）	**任务要求：** 将用银线编织好的 5 股麻花辫压方、压实，并且所压成的方形麻花辫的截面边长为 5mm。 **任务制作：** 使用压片机上的方形压线孔对所编织好的 5 股麻花辫进行压线操作，直至材料截面的边长为 5mm。 **注意事项：** 在操作过程中应控制压线速度，并且要在合适的时间进行退火操作，避免将麻花辫压散。

任务十三 编织戒指制作

工序 6 编织戒指 – 压 扁麻花	**任务要求**：将方形的麻花辫压扁至厚度为 1.8mm。
	任务制作：使用压片机对上一道工序中准备好的边长为 5mm 的方形 5 股麻花辫进行压片操作，直至材料厚度达到 1.8mm。此时材料截面的形状近似于椭圆。
	注意事项：为避免压片过程中将 5 股麻花辫压散，可在压片前先将材料两端的 5 股线焊在一起。
工序 8 编织戒指 – 压 平麻花	**任务要求**：将 5 股麻花辫材料压平，使其截面形状为长方形且材料厚度为 1.7mm。
	任务制作：在敲平侧面过程中，会导致原来平整的表面变得不再平整。使用压片机再对材料进行压片操作，将材料厚度压至 1.7mm，同时将不平整的表面压平。
	注意事项：在操作过程中应控制压片速度，并且要在合适的时间进行退火操作，避免将麻花辫压散。

任务十四 掐丝戒指制作

工序 1 掐丝戒指 – 材料 准备（拉线） 	**任务要求**：准备一条直径为 0.26mm、长度不小于 5m 的银线（用于制作花丝）。
	任务制作：先将银料熔成条状；然后使用压片机上的方形压线孔进行压线操作，将银条压成边长为 1mm 的方线；再使用圆形拉线板进行拉线操作，即可得到任务要求的材料。最后再将材料退火备用。
	注意事项：压线和拉线需要按照正常的操作规程进行。
工序 2 掐丝戒指 – 材料 准备（扭花丝） 	**任务要求**：制作 9 条长度不小于 200mm 的双股花丝。
	任务制作：将前一道工序中所准备的直径为 0.26mm 的银线裁剪成等长的 9 段；将自制的扭花丝的小工具安装在台式打磨机上；把一条银线对折后套在自制的小工具上；然后启动台式打磨机进行扭花操作，这样就可以得到一条任务要求的双股花丝。用同样的方法制作其他 8 条花丝。
	注意事项：将台式打磨机的转动速度调整到比较慢的状态。同时注意控制双股花丝绷紧的力度，避免力度过大而绷断花丝。
工序 6 掐丝戒指 – 戒圈 材料准备（压片） 	**任务要求**：准备长度不小于 60mm、宽度不小于 6.5mm、厚度为 0.6mm 的银片。
	任务制作：准备厚度大于 0.6mm 的银片，通过压片的方式准备任务要求的材料。
	注意事项：压片需要按照正常的操作规程进行，同时要注意控制压片速度。

任务十五 编织手镯制作

工序 1 编织手镯 – 材料 准备（拉线）	**任务要求**：准备一条直径为 0.8mm、长度不小于 5m 的银线。
	任务制作：先将银料熔成条状；然后使用压片机上的方形压线孔进行压线操作，将银条压成边长为 1.2mm 的方线；再使用圆形拉线板进行拉线操作，即可得到任务要求的材料。最后再将材料退火备用。
	注意事项：压线和拉线需要按照正常的操作规程进行。

任务十五　编织手镯制作	
工序 6 编织手镯 – 准备 垫层 	**任务要求**：准备长度不小于200mm、宽度不小于25mm、厚度约为0.6mm的银片。 **任务制作**：准备厚度大于0.6mm的银片，通过压片的方式准备任务要求的材料。 **注意事项**：压片需要按照正常的操作规程进行，同时要注意控制压片速度。

任务十六　麻花手镯制作	
工序 1 麻花手镯 – 材料 准备（拉线） 	**任务要求**：准备一条直径为3.5mm、长度不小于3米的银线。 **任务制作**：先将银料熔成条状；然后使用压片机上的方形压线孔进行压线操作，将银条压成边长为4mm的方线；再使用圆形拉线板进行拉线操作，即可得到任务要求的材料。最后再将材料退火备用。 **注意事项**：压线和拉线需要按照正常的操作规程进行。

任务十七　单套侧身链制作	
工序 1 单套侧身链 – 材 料准备（拉线） 	**任务要求**：准备一条直径为1.8mm、长度不小于1.5米的银线。 **任务制作**：先将银料熔成条状；然后使用压片机上的方形压线孔进行压线操作，将银条压成边长为2mm的方线；再使用圆形拉线板进行拉线操作，即可得到任务要求的材料。最后再将材料退火备用。 **注意事项**：压线和拉线需要按照正常的操作规程进行。

任务十八　马鞭链制作	
工序 1 马鞭链 – 材料 准备 	**任务要求**：准备一条直径为1.5mm、长度不小于1.5米的银线。 **任务制作**：先将银料熔成条状；然后使用压片机上的方形压线孔进行压线操作，将银条压成边长为1.8mm的方线；再使用圆形拉线板进行拉线操作，即可得到任务要求的材料。最后再将材料退火备用。 **注意事项**：压线和拉线需要按照正常的操作规程进行。

任务十九　肖邦链制作	
工序 1 肖邦链 – 材料 准备（拉线）	**任务要求**：准备一条直径为0.95mm、长度不小于3米的银线。 **任务制作**：先将银料熔成条状；然后使用压片机上的方形压线孔进行压线操作，将银条压成边长为1.2mm的方线；再使用圆形拉线板进行拉线操作，即可得到任务要求的材料。最后再将材料退火备用。 **注意事项**：压线和拉线需要按照正常的操作规程进行。

任务二十　球形耳坠制作

工序 1 球形耳坠 – 材料 准备（压片） 	**任务要求**：准备长度不小于100mm、宽度不小于25mm、厚度为0.6mm的银片。 **任务制作**：准备厚度大于0.6mm的银片，通过压片的方式准备任务要求的材料。 **注意事项**：压片需要按照正常的操作规程进行，同时要注意控制压片速度。

任务二十一　篮球吊坠制作

工序 1 篮球吊坠 – 材料 准备（压片）	**任务要求**：准备长度不小于150mm、宽度不小于35mm、厚度为0.6mm的银片。 **任务制作**：准备厚度大于0.6mm的银片，通过压片的方式准备任务要求的材料。 **注意事项**：压片需要按照正常的操作规程进行，同时要注意控制压片速度。

任务二十二　如意算盘制作

工序 1 如意算盘 – 材料准备 （拉线、压片） 	**任务要求**：准备一条直径为1.0mm、长度不小于1m的银线（用于制作算盘珠）。 　　　　　准备长度不小于200mm、宽度不小于3.5mm、厚度为1.5mm的银片（用于制作算盘框架）。 **任务制作**：先将银料熔成条状；然后使用压片机上的方形压线孔进行压线操作，将银条压成边长为1.2mm的方线；再使用圆形拉线板进行拉线操作，即可得到任务要求的材料。最后再将材料退火备用。 　　　　　准备厚度大于1.5mm的银片，通过压片的方式准备任务要求的材料。 **注意事项**：压线和拉线需要按照正常的操作规程进行；压片需要按照正常的操作规程进行，同时要注意控制压片速度。

练习二 画图 →

画图工具介绍　游标卡尺的使用方法

一、 常用工具及使用方法

1. 常用工具介绍

（1）游标卡尺　游标卡尺是一种测量长度、内外径、深度的量具。根据其工作原理可分为机械游标卡尺和电子游标卡尺。游标卡尺由主尺和附在主尺上能滑动的游标两部分构成。主尺一般以毫米为单位，而游标上则有10、20或50个分格，根据分格的不同，游标卡尺可分为十分度游标卡尺、二十分度游标卡尺或五十分度游标卡尺。游标为10分度的有9mm，20分度的有19mm，50分度的有49mm。游标卡尺的主尺和游标上有两副活动量爪，分别是内测量爪和外测量爪，内测量爪通常用来测量内径，外测量爪通常用来测量长度和外径。

首饰制作行业中常用的游标卡尺有两种，一种是长度为20cm、精确度为0.02mm的机械游标卡尺（见图2-2-1），另一种是长度为15cm、精确度为0.01mm的电子游标卡尺（见图2-2-2）。

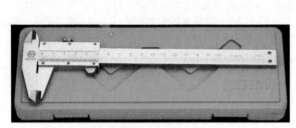

图2-2-1　机械游标卡尺

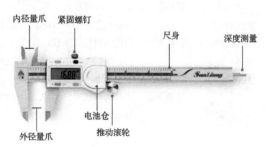

图2-2-2　电子游标卡尺

（2）双头索嘴、钢针和钢尺　在首饰制作行业中，钢针需要安装在双头索嘴上使用（见图2-2-3）。一般情况下，在首饰制作过程中需要使用钢针直接在金属上画图或者扎点。

图2-2-3　双头索嘴

在首饰制作行业中使用的钢尺（见图2-2-4）一般是不锈钢的。它是用来画直线的，偶尔会用于精度要求不高的长度测量。

图2-2-4　钢尺

（3）圆规（圆规机剪）　在首饰制作行业中画图时，圆规（见图2-2-5）或圆规机剪（见图2-2-6）的作用是用来画圆或者测量距离。

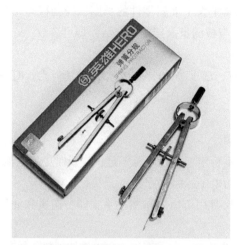

图2-2-5　圆规

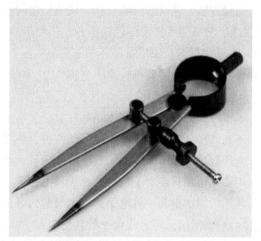

图2-2-6　圆规机剪

（4）其他工具　其他工具还有剪刀、双面胶、胶水等，这些都是画图的辅助工具。

2．工具的使用方法

（1）机械游标卡尺的使用方法　将测量爪并拢，查看游标和主尺身的零刻度线是否对齐。如果对齐就可以进行测量；如没有对齐则要记取零误差。游标的零刻度线在尺身零刻度线右侧的叫正零误差，在尺身零刻度线左侧的叫负零误差（这种规定方法与数轴的规定一致，原点以右为正，原点以左为负）。

测量时，右手拿住尺身，大拇指移动游标，左手拿待测外径（或内径）的物体，使待测物位于外测量爪（或内测量爪）之间，当与测量爪紧紧相贴时，即可读数。

游标卡尺作为一种常用量具，其可具体应用在以下这4个方面：

1）测量工件宽度。

2）测量工件外径。

3）测量工件内径。

4）测量工件深度。

游标卡尺是比较精密的量具，使用时应注意如下事项：

1）使用前，应先擦干净两个卡脚的测量面，合拢两卡脚，检查游标0线与主尺0线是否对齐，若未对齐，应根据原始误差修正测量读数。

2）测量工件时，卡脚的测量面必须与工件的表面平行或垂直，不得歪斜。且用力不能过大，以免卡脚变形或磨损，影响测量精度。

3）读数时，视线要垂直于尺面，否则测量值不准确。

4）测量内径尺寸时，应轻轻摆动，以便找出最大值。

5）游标卡尺用完后，仔细擦净，抹上防护油，平放在盒内。以防生锈或弯曲。

（2）电子游标卡尺的使用方法

1）检查外观。电子数显游标卡尺的表面上不应有锈蚀、碰伤或其他缺陷。电子显示器表面不得倾斜，应清洁、透明、无破损和划痕。

2）检查各部分的相互作用。按开关按钮，电子部件应能接通电源并处于工作状态。检查显示器，在测量范围内数字显示应清晰、完整，无黑斑或闪跳现象。各按钮功能可靠，工作稳定。

3）校"零"位。推动尺框，使两测量爪测量面合拢接触，此时显示器上应显示"0.00"，说明"零"位正确。

4）测量方法。移动两只测量爪，使他们之间的距离稍大于被测零件的长度，轻轻移动、合拢两个外测量爪，与被测零件表面轻轻接触，测量爪测量面与被测量面接触贴合后，即可读数。

（3）电子游标卡尺使用及保养的注意事项

1）环境温度和湿度要符合要求（温度 0~40℃ 为宜，湿度为 10%~80%），严禁强光长时间照射电子显示器，防止液晶老化。

2）不要在强磁场的环境中使用和存放。

3）不允许水、油等液体侵入电子部件内，注意防潮。

4）电子数显游标卡尺显示的数字不断闪动或数字不稳定，说明电源不足，应及时更换电池。

5）不要用电刻机在电子数显游标卡尺上刻字，以防电子线路击穿。

6）使用后清洁量具，将电子游标卡尺的测量面和尺身用干净软布擦去手指印、杂质和油污，测量面轻涂一层润滑油，固定放置于量具盒内。

7）电子数显游标卡尺不允许摆放在振动的机床上，送检时，手推车上应垫以泡沫塑料或软布减震。

8）电子数显游标卡尺应定置摆放，不允许与工具、刀具、零件等杂物混放，不允许与其他量具接触、叠放。

9）电子游标卡尺应按计量器具周期检定计划送检，检定合格后才能使用。

二、 基本操作示例

1. 线描

线描是素描的一种，用单色线对物体进行勾画，是运用线的轻重、浓淡、粗细、虚实、长短等笔法表现物象的体积、形态、质感、量感、运动感的一种方法。线描的特点是简练、清晰，可刻画各种现象。

2. 临摹

临摹是指按照原作仿制书法和绘画作品的过程。临，是照着原作写或画；摹，是用薄纸（绢）蒙在原作上面写或画。广义的临摹，所仿制的不一定是字画，也可能是碑、帖等。

三、 相关知识拓展

画图技巧：

1）标准图案可参照平面几何的画图方法，运用钢尺、圆规、三角板等辅助工具进行画图。

标准图形可参考《钣金下料常用技术》。

2）非标准图案可利用点阵图法来进行画图，即将图案看作一个整体进行细化，再将细化的图案看作一个点阵图，然后按照相应的比例先勾勒出轮廓，再将细节画出来。

非标准图形可参考《零基础学速写》。

3）另外，还可以将所要画的图案按照一定的比例先打印出来，再用双面胶将打印出来的图案粘贴到材料上，然后在材料上将图案的轮廓线及细节使用钢针扎上点（点与点之间的间距不要太大，约 1~3mm），再将打印的图案取下，最后将相邻的点连接起来形成一副完整的图案。

4）为保证画线的精确性：笔尖或针尖必须紧贴钢尺的边缘，同时要压紧钢尺，不能晃动。

5）在使用圆规或圆规机剪在材料上画圆时，应先使用钢针在圆心处扎一个较深的小坑，以提高画圆的精确度。

四、练习任务

任务一　宝塔制作

工序 2
宝塔 – 画图

任务要求：按照工件的大小要求在准备好的黄铜板上画图。
任务制作：按照要求使用游标卡尺、钢针及钢尺进行画图操作（见图 2-2-7）。
注意事项：由于工件比较小，所画的线条要清晰。

任务二　台阶制作

工序 2
台阶 – 画图

任务要求：按照工件的大小要求，在准备好的黄铜板上画图。
任务制作：按照要求使用游标卡尺、钢针及钢尺进行画图操作（见图 2-2-8）。
注意事项：由于工件比较小，所画的线条要清晰。

图 2-2-7　宝塔 – 画图

图 2-2-8　台阶 – 画图

任务三　铜剑制作

任务要求：在厚度为 3mm 的铜板上画出所要制作的铜剑的轮廓。铜剑的长度不超过 100mm。
任务制作：找一个合适的铜剑的图片，使用钢尺、钢针、游标卡尺及圆规等画图工具，在厚度为 3mm 的铜板上将铜剑的轮廓线画出来。也可以把铜剑的图案打印出来，贴在铜板上，然后采用扎点法来画图（见图 2-2-9）。

工序 2
铜剑 – 画图

图 2-2-9　铜剑 – 画图

注意事项：铜剑的比例要适当；所画铜剑轮廓线的线条要清晰，最好不要画重复的线。为提高画图的质量和效率，可使用铅笔或水性笔在铜板上先画一幅草图，然后再使用钢针将轮廓线描出来。另外，在进行长度测量时需要使用游标卡尺。

任务六　四叶草戒指制作

工序 2
四叶草戒指 – 贴
图案

任务要求：将打印的四叶草图案贴在厚度为 3mm 的铜板上。四叶草图案大小不得超过 10mm×10mm。

任务制作：找到合适的四叶草图案，在计算机上设置成合适的大小，然后打印出来。用准备好的胶水或双面胶把图案贴到铜板的合适位置（见图2-2-10）。

注意事项：用胶水贴图案时，最好用书或其他有平面的物体压住，待胶水干透后方可进行下一步操作。

任务七　球形耳钉制作

工序 2
球形耳钉 – 材料
画图及裁剪

任务要求：用圆规在准备好的厚度为 0.5mm 铜板上画 4 个圆，圆的半径不超过 2mm。然后用铁皮剪刀将这 4 个圆裁剪下来。

任务制作：将圆规调整到合适的大小，再使用钢针在合适的位置扎 4 个点作为圆心以方便画图，将铜板平放在工作台的台面上，然后使用圆规在铜板上画出 4 个大小一致的圆（见图2-2-11）。

注意事项：进行长度测量时需要使用游标卡尺。建议保持圆规不动，转动铜板来画圆。裁剪时最好紧贴着图案的边缘进行。

图2-2-10　四叶草 – 贴图案

图2-2-11　球形耳钉 – 画图

任务八　五角星胸针制作

工序 2
五角星胸针 –
画图

任务要求：在 3mm 厚铜板上画一个外接圆半径为 8mm 的五角星。

任务制作：五角星画法（见图2-2-12）：

第一步：在圆 O 作一直径 AB，作一半径 OC 垂直于 AB。

第二步：平分 OA 于 D，以 D 为圆心，DC 为半径作弧 CE 交 OB 于 E。

第三步：以 C 为圆心，CE 为半径作弧 EF，交圆周于 F。CF 就是等五边形一边之长。

第四步：以 CF 的线段长依次在圆周上截取其他各点。即可作出圆周五等分点。依次连接。就可得到最为标准的五角星。

注意事项：进行长度测量时需要使用游标卡尺。由于所画的图案比较小，所以在画图时各关键点的确定一定要精确。找到圆周上的五等分点后，最好用圆规或游标卡尺检验一下，确保所画的五等分点之间的间距相等，然后再连线画五角星且五角星的线条一定要画清晰。

工序 9
五角星胸针 –
补辅助线

任务要求：将五角星上 5 个角上的中线补画出来。

任务制作：使用钢针和钢尺，将五角星上 5 个角的角尖与圆心的连线画出来，这 5 条线就是五角星 5 个角上的中线（见图2-2-13）。

注意事项：画辅助线时一定要找准圆心和 5 个角的角尖。画线时一定要一次完成，避免重复画线，因此找准点后，画线时一定要固定好钢尺。

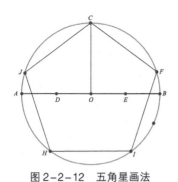

图 2-2-12 五角星画法

图 2-2-13 五角星胸针 – 补辅助线

任务九 奔驰标吊坠制作

任务要求: 在 3mm 厚铜板上锯一个外接圆半径为 8mm、内接圆半径为 2mm 的三叉星。

任务制作: 三叉星画法:

第一步:以 O 为圆心作半径为 8mm 的圆,过圆 O 作一直径 A－O－D。

第二步:以 A 为圆心,OA 为半径画弧交圆 O 于 B、C 两点。

第三步:分别作过 B、C 两点的直径 B－O－E、C－O－F。

第四步:以 O 为圆心作半径为 2mm 的圆,交 AD 于 a、d,交 BE 于 b、e,交 CF 于 c、f。依次连接 Ac、cE、Ed、dF、Fb、bA,就可得到最为标准的三叉星(见图 2-2-14)。

工序 2 奔驰标吊坠 – 三叉星画图

注意事项: 进行长度测量时需要使用游标卡尺。由于所画的图案比较小,所以在画图时各关键点的确定一定要精确。找到圆周上的三等分点后,最好用圆规或游标卡尺检验一下,确保所画的三等分点之间的间距相等,然后再连线画三叉星,并且三叉星的线条一定要清晰。

工序 6 奔驰标吊坠 – 三叉星画辅助线

任务要求: 画出三叉星侧面的中线。

任务制作: 将游标卡尺上的数值调整到 1.5mm(铜板的厚度为 3mm,取一半,则为 1.5mm),然后将游标卡尺上的其中一个外测量爪平面的末端卡在铜板的原平面的边缘处,使用另外一个外测量爪的爪尖进行画线操作,将三叉星 6 个侧面上的中线画出来(见图 2-2-15)。

注意事项: 画线时一定要使用游标卡尺外测量爪的末端,在画线时要使卡在原平面边缘上的外测量爪的内平面与铜板原平面的角度保持不变。

工序 11 奔驰标吊坠 – 三叉星补辅助线

任务要求: 将三叉星的 3 个角上正反两面的 6 条中线补出来。

任务制作: 使用钢针和钢尺,将三叉星的 3 个角上正反两面的角尖与相应的圆心的连线画出来,这 6 条线就是三叉星 3 个角上正反两面的中线(见图 2-2-16)。

注意事项: 画辅助线时一定要找准圆心和 3 个角的角尖。画线时一定一次完成,避免重复画线,因此找准点后,画线时一定要固定好钢尺。

图 2-2-14 三叉星 – 画图

图 2-2-15 三叉星 – 画辅助线

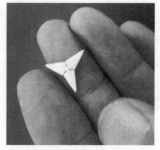

图 2-2-16 三叉星 – 补辅助线

任务十 字符吊坠制作

工序 2 字符吊坠 – 贴图案 	**任务要求**：将打印的八卦图的图案贴在厚度为 3mm 的铜板上。八卦图的图案大小不得超过 20mm×20mm。 **任务制作**：找到合适的八卦图的图案，在计算机上设置成合适的大小，然后打印出来。用准备好的胶水或双面胶把图案贴到铜板的合适位置（见图 2-2-17）。 **注意事项**：用胶水贴图案时，最好用书或其他有平面的物体压住，待胶水干透后方可进行下一步操作。

任务十一 盒子制作

工序 2 盒子 – 画图	**任务要求**：在准备好的厚度为 1mm 的铜板上画 3 条间距为 21mm 的平行线。第一条线距铜板的边缘距离为 21mm。 **任务制作**：使用游标卡尺、钢针、圆规及钢尺进行这 3 条平行线的画图操作（见图 2-2-18）。 **注意事项**：所画的 3 条线必须是平行线，铜板侧的边缘线要与所画的 3 条线平行且间距相等。

图 2-2-17 字符吊坠 – 贴图案

图 2-2-18 盒子 – 画图

任务十四 掐丝戒指制作

工序 11 掐丝戒指 – 戒 圈侧壁画图 	**任务要求**：在银片上画 2 对一样的同心圆，同心圆的 2 个直径要与戒指圈大小等因素相匹配。 **任务制作**：按照 12 号戒指圈的大小、戒指圈及花丝的厚度设置同心圆的 2 个直径分别为 15.8mm、18.8mm，使用游标卡尺量出直径大小，然后使用圆规在银板上画同心圆（见图 2-2-19）。 **注意事项**：同心圆的大小需要与所要制作戒指的圈号相匹配；同心圆的 2 个直径的取值应留有余量。

图 2-2-19 掐丝戒指 – 戒圈侧壁画图

任务十八 马鞭链制作

工序 11 马鞭链 – 卡扣 画图	**任务要求**：按照卡扣的设计图样在银板上画图。 **任务制作**：测量马鞭链的宽度，然后根据卡扣的设计图样，使用游标卡尺、钢尺、钢针在银板上画出卡扣的图样（见图 2-2-20）。 **注意事项**：测量及画图要精确；卡扣内孔的间距略大于制作扣头银板的厚度。

任务十八 马鞭链制作

工序 14
马鞭链-扣头画图

任务要求： 按照扣头的设计图样在银板上画图。

任务制作： 测量马鞭链的宽度，然后根据扣头的设计图样，使用游标卡尺、钢尺、钢针在银板上画出扣头的图样（见图2-2-21）。

注意事项： 测量及画图要精确；扣头的长度需留足余量。

图2-2-20 马鞭链-卡扣画图　　　　　　图2-2-21 马鞭链-扣头画图

任务十九 肖邦链制作

工序 10
肖邦链-链扣画图

任务要求： 按照肖邦链链扣的设计图样在银板上画出链扣的展开图。

任务制作： 测量肖邦链的宽度，然后根据链扣的设计图样，使用游标卡尺、钢尺、钢针在银板上画出链扣展开的图样（见图2-2-22）。

注意事项： 测量及画图要精确；展开图与盒子的图一样，平行线的间距比肖邦链的宽度略大即可。

任务二十 球形耳坠制作

工序 2
球形耳坠-画图、裁剪

任务要求： 在银板上画4个直径为16mm的圆。

任务制作： 使用游标卡尺、钢尺、钢针在银板上画出4个直径为16mm的圆（见图2-2-23）。

注意事项： 测量及画图要精确。

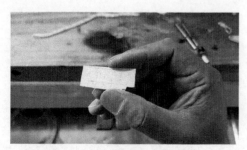 

图2-2-22 肖邦链-链扣画图　　　　　　图2-2-23 球形耳坠-画图

任务二十一　篮球吊坠制作

工序 2 篮球吊坠－材料 画图、裁剪 	**任务要求**：在银板上画 2 个直径为 24mm 的圆。 **任务制作**：使用游标卡尺、钢尺、钢针在银板上画出 2 个直径为 24mm 的圆（见图 2-2-24）。 **注意事项**：测量及画图要精确。
工序 10 篮球吊坠－篮球 画图	**任务要求**：按照篮球的图样在焊接好的小球上画上相应的线条。 **任务制作**：用合适大小的手寸圈作参照物，按照篮球的图样，使用钢针在小球的表面上画上相应的线条（见图 2-2-25）。 **注意事项**：画图要精确。

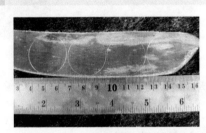 

图 2-2-24　篮球吊坠－材料画图　　　　图 2-2-25　篮球吊坠－篮球画图

任务二十二　如意算盘制作

工序 8 如意算盘－制 作算盘框、梁 （画图） 	**任务要求**：按照设计的算盘大小，在银板上画出算盘框和算盘梁的边线。 **任务制作**：根据算盘珠的大小、算盘档的数量确定算盘框以及算盘梁的长度和宽度，然后使用钢尺和钢针在银板上画图（见图 2-2-26）。 **注意事项**：测量及画图要精确。
工序 14 如意算盘—制 作算盘框、梁 （算盘档定位）	**任务要求**：在算盘的横框上给算盘档定位。 **任务制作**：先在算盘横框上画出中线；再根据算盘的设计式样及算盘珠的大小，确定算盘档的间距为 3.5mm，然后使用游标卡尺、圆规在算盘的横框上扎上算盘档的定位点（见图 2-2-27）。 **注意事项**：测量及画图要精确。

 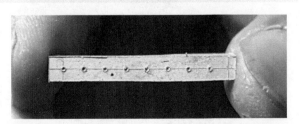

图 2-2-26　如意算盘-制作算盘框、梁（画图）　　图 2-2-27　如意算盘—制作算盘框、梁（算盘档定位）

基本功练习综合评价手册

班级：_____

姓名：_____

机 械 工 业 出 版 社

使用指导

综合评价计算步骤：

1）确定所选择的各项任务及任务的各练习得分；

2）根据任务制作过程中所涉及练习的操作难度及对任务总体效果的影响程度设定表格一中的"练习权重"；

3）将该任务制作中所涉及各练习的得分和权重填入表格一，然后计算该任务的最终得分；

4）根据各任务的制作难易来设定表格二中的"任务权重"；

5）将各任务得分及任务权重填入表格二，然后计算基本功练习综合总分。

注：①表格一中要填写任务制作过程中所有涉及练习的得分及权重；

②要根据练习在不同任务制作中的重要性来设定表格一中的练习权重；

③所设定的练习权重加和应该为1。

表格一　任务得分表

	得分	练习权重（总和为1）	最终得分
练习一、材料准备			
练习二、画图			
练习三、线锯的使用			
练习四、锉刀的使用			
练习五、火枪的使用			
练习六、锤子及钳子的使用			
练习七、吊机的使用			
练习八、砂纸的使用			
练习九、抛光操作			
任务总分			

表格二　基本功练习综合评价表

	得分	任务权重（总和为1）	最终得分
任务一、宝塔制作			
任务四、万字链制作			
任务…			
基本功练习综合总分			

例：

课程选择了3个任务，分别是任务一、任务四和任务八。其中任务一中涉及的各练习及练习的得分见下表所示，练习权重为表格中数值，则任务一的总分计算如下：

表格一　任务得分表

	得分	练习权重（总和为1）	最终得分
练习一、材料准备	100	0.1	10
练习二、画图	90	0.2	18
练习三、线锯的使用	70	0.15	10.5
练习四、锉刀的使用	80	0.2	16
练习五、火枪的使用	60	0.2	12
练习六、锤子及钳子的使用			
练习七、吊机的使用			
练习八、砂纸的使用	80	0.15	12
练习九、抛光操作			
任务总分			78.5

则任务一总分：$10 + 18 + 10.5 + 16 + 12 + 12 = 78.5$

同样的方法可以计算出任务四及任务八的任务总分。

假如任务四及任务八的任务总分分别为80分和75分，这3个任务的任务权重为下表中数值，则基本功练习综合总分的计算如下：

表格二　基本功练习综合评价表

	得分	任务权重（总和为1）	最终得分
任务一、宝塔制作	78.5	0.2	15.7
任务四、万字链制作	80	0.3	24
任务八、盒子使用	75	0.5	37.5
基本功练习综合总分			77.2

基本功练习综合总分：$15.7 + 24 + 37.5 = 77.2$ 分。

任务得分表

任务一　宝塔制作任务得分表

	得分	练习权重（总和为1）	最终得分
练习一、材料准备			
练习二、画图			
练习三、线锯的使用			
练习四、锉刀的使用			
练习五、火枪的使用			
练习六、锤子及钳子的使用			
练习七、吊机的使用			
练习八、砂纸的使用			
练习九、抛光操作			
任务总分			

任务二　台阶制作任务得分表

	得分	练习权重（总和为1）	最终得分
练习一、材料准备			
练习二、画图			
练习三、线锯的使用			
练习四、锉刀的使用			
练习五、火枪的使用			
练习六、锤子及钳子的使用			
练习七、吊机的使用			
练习八、砂纸的使用			
练习九、抛光操作			
任务总分			

任务三　铜剑制作任务得分表

	得分	练习权重（总和为1）	最终得分
练习一、材料准备			
练习二、画图			
练习三、线锯的使用			
练习四、锉刀的使用			
练习五、火枪的使用			
练习六、锤子及钳子的使用			
练习七、吊机的使用			
练习八、砂纸的使用			
练习九、抛光操作			
任务总分			

任务四　万字链制作任务得分表

	得分	练习权重（总和为1）	最终得分
练习一、材料准备			
练习二、画图			
练习三、线锯的使用			
练习四、锉刀的使用			
练习五、火枪的使用			
练习六、锤子及钳子的使用			
练习七、吊机的使用			
练习八、砂纸的使用			
练习九、抛光操作			
任务总分			

任务五　钉子戒指制作任务得分表

	得分	练习权重（总和为1）	最终得分
练习一、材料准备			
练习二、画图			
练习三、线锯的使用			
练习四、锉刀的使用			
练习五、火枪的使用			
练习六、锤子及钳子的使用			
练习七、吊机的使用			
练习八、砂纸的使用			
练习九、抛光操作			
任务总分			

任务六　四叶草戒指制作任务得分表

	得分	练习权重（总和为1）	最终得分
练习一、材料准备			
练习二、画图			
练习三、线锯的使用			
练习四、锉刀的使用			
练习五、火枪的使用			
练习六、锤子及钳子的使用			
练习七、吊机的使用			
练习八、砂纸的使用			
练习九、抛光操作			
任务总分			

任务七　球形耳钉制作任务得分表

	得分	练习权重（总和为 1）	最终得分
练习一、材料准备			
练习二、画图			
练习三、线锯的使用			
练习四、锉刀的使用			
练习五、火枪的使用			
练习六、锤子及钳子的使用			
练习七、吊机的使用			
练习八、砂纸的使用			
练习九、抛光操作			
任务总分			

任务八　五角星胸针制作任务得分表

	得分	练习权重（总和为 1）	最终得分
练习一、材料准备			
练习二、画图			
练习三、线锯的使用			
练习四、锉刀的使用			
练习五、火枪的使用			
练习六、锤子及钳子的使用			
练习七、吊机的使用			
练习八、砂纸的使用			
练习九、抛光操作			
任务总分			

任务九　奔驰标吊坠制作任务得分表

	得分	练习权重（总和为 1）	最终得分
练习一、材料准备			
练习二、画图			
练习三、线锯的使用			
练习四、锉刀的使用			
练习五、火枪的使用			
练习六、锤子及钳子的使用			
练习七、吊机的使用			
练习八、砂纸的使用			
练习九、抛光操作			
任务总分			

任务十　字符吊坠制作任务得分表

	得分	练习权重（总和为1）	最终得分
练习一、材料准备			
练习二、画图			
练习三、线锯的使用			
练习四、锉刀的使用			
练习五、火枪的使用			
练习六、锤子及钳子的使用			
练习七、吊机的使用			
练习八、砂纸的使用			
练习九、抛光操作			
任务总分			

任务十一　盒子制作任务得分表

	得分	练习权重（总和为1）	最终得分
练习一、材料准备			
练习二、画图			
练习三、线锯的使用			
练习四、锉刀的使用			
练习五、火枪的使用			
练习六、锤子及钳子的使用			
练习七、吊机的使用			
练习八、砂纸的使用			
练习九、抛光操作			
任务总分			

任务十二　弧面戒指制作任务得分表

	得分	练习权重（总和为1）	最终得分
练习一、材料准备			
练习二、画图			
练习三、线锯的使用			
练习四、锉刀的使用			
练习五、火枪的使用			
练习六、锤子及钳子的使用			
练习七、吊机的使用			
练习八、砂纸的使用			
练习九、抛光操作			
任务总分			

任务十三　编织戒指制作任务得分表

	得分	练习权重（总和为1）	最终得分
练习一、材料准备			
练习二、画图			
练习三、线锯的使用			
练习四、锉刀的使用			
练习五、火枪的使用			
练习六、锤子及钳子的使用			
练习七、吊机的使用			
练习八、砂纸的使用			
练习九、抛光操作			
任务总分			

任务十四　掐丝戒指制作任务得分表

	得分	练习权重（总和为1）	最终得分
练习一、材料准备			
练习二、画图			
练习三、线锯的使用			
练习四、锉刀的使用			
练习五、火枪的使用			
练习六、锤子及钳子的使用			
练习七、吊机的使用			
练习八、砂纸的使用			
练习九、抛光操作			
任务总分			

任务十五　编织手镯制作任务得分表

	得分	练习权重（总和为1）	最终得分
练习一、材料准备			
练习二、画图			
练习三、线锯的使用			
练习四、锉刀的使用			
练习五、火枪的使用			
练习六、锤子及钳子的使用			
练习七、吊机的使用			
练习八、砂纸的使用			
练习九、抛光操作			
任务总分			

任务十六　麻花手镯制作任务得分表

	得分	练习权重（总和为1）	最终得分
练习一、材料准备			
练习二、画图			
练习三、线锯的使用			
练习四、锉刀的使用			
练习五、火枪的使用			
练习六、锤子及钳子的使用			
练习七、吊机的使用			
练习八、砂纸的使用			
练习九、抛光操作			
任务总分			

任务十七　单套侧身链制作任务得分表

	得分	练习权重（总和为1）	最终得分
练习一、材料准备			
练习二、画图			
练习三、线锯的使用			
练习四、锉刀的使用			
练习五、火枪的使用			
练习六、锤子及钳子的使用			
练习七、吊机的使用			
练习八、砂纸的使用			
练习九、抛光操作			
任务总分			

任务十八　马鞭链制作任务得分表

	得分	练习权重（总和为1）	最终得分
练习一、材料准备			
练习二、画图			
练习三、线锯的使用			
练习四、锉刀的使用			
练习五、火枪的使用			
练习六、锤子及钳子的使用			
练习七、吊机的使用			
练习八、砂纸的使用			
练习九、抛光操作			
任务总分			

任务十九　肖邦链制作任务得分表

	得分	练习权重（总和为1）	最终得分
练习一、材料准备			
练习二、画图			
练习三、线锯的使用			
练习四、锉刀的使用			
练习五、火枪的使用			
练习六、锤子及钳子的使用			
练习七、吊机的使用			
练习八、砂纸的使用			
练习九、抛光操作			
任务总分			

任务二十　球形耳坠制作任务得分表

	得分	练习权重（总和为1）	最终得分
练习一、材料准备			
练习二、画图			
练习三、线锯的使用			
练习四、锉刀的使用			
练习五、火枪的使用			
练习六、锤子及钳子的使用			
练习七、吊机的使用			
练习八、砂纸的使用			
练习九、抛光操作			
任务总分			

任务二十一　篮球吊坠制作任务得分表

	得分	练习权重（总和为1）	最终得分
练习一、材料准备			
练习二、画图			
练习三、线锯的使用			
练习四、锉刀的使用			
练习五、火枪的使用			
练习六、锤子及钳子的使用			
练习七、吊机的使用			
练习八、砂纸的使用			
练习九、抛光操作			
任务总分			

任务二十二　如意算盘制作任务得分表

	得分	练习权重（总和为1）	最终得分
练习一、材料准备			
练习二、画图			
练习三、线锯的使用			
练习四、锉刀的使用			
练习五、火枪的使用			
练习六、锤子及钳子的使用			
练习七、吊机的使用			
练习八、砂纸的使用			
练习九、抛光操作			
任务总分			

基本功练习综合评价表

	得分	任务权重（总和为1）	最终得分
任务一　宝塔制作			
任务二　台阶制作			
任务三　铜剑制作			
任务四　万字链制作			
任务五　钉子戒指制作			
任务六　四叶草戒指制作			
任务七　球形耳钉制作			
任务八　五角星胸针制作			
任务九　奔驰标吊坠制作			
任务十　字符吊坠制作			
任务十一　盒子制作			
任务十二　弧面戒指制作			
任务十三　编织戒指制作			
任务十四　掐丝戒指制作			
任务十五　编织手镯制作			
任务十六　麻花手镯制作			
任务十七　单套侧身链制作			
任务十八　马鞭链制作			
任务十九　肖邦链制作			
任务二十　球形耳坠制作			
任务二十一　篮球吊坠制作			
任务二十二　如意算盘制作			
基本功练习综合总分			

练习三　线锯的使用 ➡

一、 常用工具及使用方法

1. 常用工具介绍

（1）工作台（功夫台）　工作台是首饰制作中最基本的设备，通常是用木料制作而成，可分为通用工作台和微镶工作台两种。对于首饰制作通用工作台，虽然外观形状可多种多样，但一般对其结构和功能有几个共同的要求：一是要坚固结实，尤其是台面的主要工作区域，一般要用硬杂木制作，厚度在50mm以上，因为在首饰加工制作时常对台面有碰击；二是对工作台的高度有一定要求，一般为90cm高，这样可以使操作者的手肘得到倚靠或支撑；三是台面要平整光滑，没有大的弯曲变形和缝隙，左、右两侧及后面有较高的挡板，防止宝石或工件掉入缝隙或崩落；四是有收集金属粉末的抽屉，以及放置工具的抽屉或挂架；五是有方便加工的硬木台塞，台面上一般设有吊挂吊机的支架（见图2-3-1）。

工作台介绍

图2-3-1　工作台

（2）锯弓　锯弓（俗称卓弓），是首饰制作中最常用的工具。由于锯弓比较小、锯条比较细，所以它是首饰制作中用来切割金属的最常用的工具。其主要用途是切断棒材、管材以及按画好的图样锯出样片，甚至可以当锉使用。锯弓有固定式（见图2-3-2）和可调式（见图2-3-3）两种，锯弓两头各有一个螺丝，用来固定锯条。

锯弓介绍

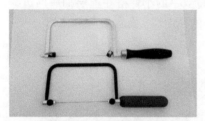
图2-3-2　固定式锯弓

图2-3-3　可调式锯弓

锯条介绍

（3）锯条　与首饰用锯弓配套使用的锯线称为锯条（又称卓条）（见图2-3-4），锯条有粗细不同的各种规格，用于首饰制作的锯条，常用的是3/0或4/0，也称为"三圈"和"四圈"。一般情况下，锯条越细，切割面越平滑，锯条越粗，切割速度越快。

（4）吊机　吊机（见图2-3-5）是悬挂式马达的俗称，在首饰制作中应用非常广泛。吊机由电动机、脚踏开关、软轴和机头组成。动力经软轴传至吊机机头，软轴用金属蛇皮管套着，可大幅度地弯曲，从而可以灵活运用吊机机头进行相应的操作。吊机的转速由脚踏开关控制，其内部的数个触点是用电阻丝连接的，踩动踏板就可改变电阻，从而使吊机的转速发生变化。

图2-3-4　锯条

吊机介绍

（5）其他辅助工具　其他辅助工具有游标卡尺、钢板尺、圆规机剪、钢针、双头索嘴、麻花钻等。

2. 工具的使用方法

（1）工作台的使用方法

1）一般情况下，锯、锉、打孔等操作要在台塞上进行（见图2-3-6、图2-3-7、图2-3-8）。

图2-3-5　吊机

图2-3-6　锯料

图2-3-7　锉削

图2-3-8　打孔

2）敲打等操作要在硬杂木的台面上进行（见图2-3-9）。

3）硬杂木台面侧面的两个圆孔是用来放戒指铁进行校圆用的（见图2-3-10）。

图2-3-9　敲打

图2-3-10　戒指校圆

4）上层抽屉是用来放置工具及耗材的，下层抽屉用来收集金属粉末（见图2-3-11）。

5）焊接时左手持焊枪、右手持镊子，同时要将双手的小臂搭在上层抽屉的边缘，并且将手腕搭在工作台的边缘以增加焊接时双手操作的稳定性（见图2-3-12）。

焊接姿势

图2-3-11　工作台抽屉

图2-3-12　焊接

（2）锯弓的使用方法　锯弓的操作一般有安装锯条、持锯、运锯三个步骤。

1）安装锯条。在锯弓上安装锯条时，应将锯弓前端顶着工作台的木台塞或台面的边缘，弓口朝上，然后用胸或肚子顶着锯弓的手柄端并略微施压，使锯弓两端的间距因受压而缩短，接着在保证锯齿朝向及倾斜方向正确的情况下，装上锯条，并旋紧固定螺钉，然后松开锯弓，锯条自然绷紧即可。安装锯条时，应该给锯弓施加适当的压力，不能给锯弓施加太大的压力，否则，当松开锯弓时，锯弓会因张力过大而把锯条崩断；如果压力太小的话，锯条又不能绷直并且容易松脱（见图2-3-13、图2-3-14、图2-3-15）。

锯条的安装

图2-3-13　压迫锯弓

图2-3-14　装上锯条

图2-3-15　旋紧固定螺钉

2）持锯。持锯有上手握柄式（见图2-3-16）和下手握柄式（见图2-3-17）两种方法。

图2-3-16　上手握柄式

图2-3-17　下手握柄式

上手握柄法操作灵活快速，锯割精细的图案常用此法；下手握柄法操作容易看清楚工件，手部不易疲劳。

注意事项：

无论用哪种方法，锯条上的齿尖方向都要朝前、朝下，向下运动时才能锯割材料或工件。

3）运锯。运锯有上手握柄式运锯（见图2-3-18）和下手握柄式运锯（见图2-3-19），是按工艺要求和制作需要对材料或工件进行加工的重要步骤。运锯前应先将工件牢牢地固定在工作台的台塞上，运锯时要保持锯弓、锯条与工件垂直，减少锯齿与工件的接触面积。运锯时的速度要适当，用力要均匀，运锯的行程应尽量拉长。如果在运锯时发生卡锯的现象，那么不要强行将锯弓退出，而应该松开锯弓上的固定螺钉，然后抽出卡住的锯条，重新安装上锯条后再继续前面的操作。为了使运锯畅顺，延长锯条的使用时间，可在锯齿上涂抹少量的石蜡或机油，以增加锯条的润滑性和减小锯条的发热量。

上握式运锯

下握式运锯

图2-3-18　上手握柄式运锯

图2-3-19　下手握柄式运锯

4）使用锯弓对图案进行放样并锯空。锯弓可用于切断金属棒、管，更多地用于按照所绘的图样锯出样片。在锯样片时，先从材料的一边开始锯，沿图样画线外侧运锯，锯去图样以外的边料（见图2-3-20）。有些图样中间是空的，那么要先使用吊机和麻花钻，在材料上图案内部的适当的位置钻一个小孔,将锯条穿过其中并安装好,再沿样线内侧运锯锯空(见图2-3-21)。运锯时,眼睛随时观察锯条运行方向和位置,及时调整运锯的动作,在转角的地方一定要锯到位再转动方向。运锯要做到脑、眼、手三者相互协调一致,这样既有利于加工的精确性,又有利于操作安全。

图2-3-20 锯切外轮廓

图2-3-21 锯切内轮廓

(3)吊机的使用方法

1)首先用吊机钥匙对准吊机上相应的位置进行逆时针旋转,将手柄上的三爪夹嘴打开到一定位置,再将机针插进三爪夹嘴并顺时针旋转吊机钥匙直至将机针夹紧。

2)踩下吊机脚踏开关让吊机正常工作,观察机针的运转轨迹,看其是否在一条直线上,若在一条直线上则继续进行相应的操作;否则应重新安装机针再操作。

3)选用相应的机针来进行相应的作业,如给工件打孔应选用钻针或麻花钻;打砂纸应选用砂纸夹针或硒胶片针等。

吊机机针安装

吊机的使用方法

4)吊机手柄的持法应根据用途选用直握法(见图2-3-22)或笔握法(见图2-3-23)。通常情况下,打孔时一般采用直握法,并要保证机针垂直于材料或工件作业;执模、抛光时一般采用笔握法。

图2-3-22 直握法

图2-3-23 笔握法

二、 基本操作示例

1.锯直线

1)使用钢针和钢尺在材料上画5条长度约为5cm的直线。

2)按照自己习惯的持锯方式及锯条安装要求,将3/0或4/0锯条安装在锯弓上。

3)采用锯直线的运锯方法,按照"锯线"的要求,使用锯弓将这5条直线锯出来。

直线的锯法

2.锯曲线

1)使用钢针和钢尺及其他辅助画图工具在材料上画5条长度约为5cm的圆滑曲线。

2)按照自己习惯的持锯方式及锯条安装要求,将3/0或4/0锯条安装在锯弓上。

3)采用锯圆滑曲线的运锯方法,按照"锯线"的要求,使用锯弓将这5条圆滑曲线锯出来。

曲线的锯法

折线的锯法

3. 锯折线

1）使用钢针和直尺及其他辅助画图工具在材料上画 5 条长度为 5cm 的折线。

2）按照自己习惯的持锯方式及锯条安装要求，将 3/0 或 4/0 锯条安装在锯弓上。

3）采用锯折线的运锯方法，按照"锯线"的要求，使用锯弓将这 5 条折线锯出来。

三、 相关知识拓展

1. 锯弓使用的注意事项

1）装锯弓：将锯条一头夹紧在锯弓夹头上，锯齿相对锯弓向外向下，适当压紧锯弓，将锯条另一端锁紧在锯弓夹头上，锯条的松紧以手指轻压有一定弯曲为好。

2）运锯：沿线的一侧用锯，但不要锯到线上，保留画线的目的是用来对照检查锯痕与画线。运锯时锯条应保持与材料或工件的表面垂直。

3）运锯力度、速度应控制得当，锯程应尽量拉长。运锯过程中手腕、大臂、小臂用力要均匀，姿势应标准，肌肉保持放松状态进行运锯操作。推拉锯弓的动作须柔和、连续，锯切的频率为中速，锯条要拉满；转锯的时候应减少推拉力度和幅度，基本上是原地推拉，逐步转锯。

4）在锯割的时候有"锯线"和"沿线锯"两种方式。"锯线"就是锯割过后，所画的线就没有了，一般在练习基本功的时候使用；"沿线锯"就是锯割过后，所画的线还在，一般在做作品时使用。

5）应锯所划图案的线外（内），即沿线锯（锯割操作完成了，前面所画线还存在），为后期锉功练习留有余地。

2. 锯弓的其他用法

1）可以将砂纸剪成条状，然后小心地安装在锯弓上，对工件进行打砂纸操作（见图 2-3-24）。

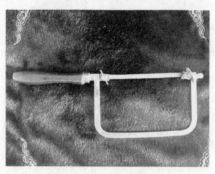

图 2-3-24　锯弓夹砂纸

2）在对工件上的一些比较小的空间进行锉削及修整时，如果没有合适的锉刀可用，那么可以把锯弓当作锉刀使用进行锉削及修整操作。

3. 吊机使用注意事项

1）麻花钻安装在吊机上后，应先踩下脚踏开关，让机针处于工作状态，观察机针的旋转轨迹，在确认其旋转轨迹为一条直线时方能使用。

2）吊机手柄的持法应根据用途选用直握法。在确认麻花钻与材料表面保持绝对垂直之后方可进行打孔作业。

3）使用吊机作业时应用力适中，以免机针断裂或过度磨损。

4）使用吊机作业时应注意做好相应的防护措施，如要带好口罩和防护镜，以免粉尘进入口腔和眼睛。

四、练习任务

任务一　宝塔制作

工序 3
宝塔 - 锯材料

任务要求：沿所画线的边缘将 5 块材料锯下来。

任务制作：在厚度为 1mm 的黄铜板上，按照所画的图使用线锯将规格为 2mm×2mm、4mm×4mm、6mm×6mm、8mm×8mm 及 10mm×10mm 的 5 块小铜片锯下来（见图 2-3-25）。

注意事项：使用线锯锯切材料之前要先画图。在准备规格为 2mm×2mm 的小铜片时注意技巧。

任务二　台阶制作

工序 3
台阶 - 锯材料

任务要求：沿所画线的边缘将 9 块材料锯下来。

任务制作：在厚度为 1mm 的黄铜板上，按照所画的图使用线锯，将规格为 2mm×5mm 的 4 块小铜片和 5mm×8mm 的 5 块小铜片锯下来（见图 2-3-26）。

注意事项：使用线锯锯切材料之前要先画图。

图 2-3-25　宝塔 - 锯材料

图 2-3-26　台阶 - 锯材料

任务三　铜剑制作

工序 3
铜剑 - 锯铜剑

任务要求：使用线锯将铜剑沿轮廓线锯下来。

任务制作：打开工作台的下层抽屉，用线锯沿铜板边缘处下锯，将所画的铜剑沿所画的轮廓线线外锯下，并要将所画的轮廓线保留，作为后期对铜剑进行修整的依据（见图 2-3-27）。

注意事项：在锯切操作过程中一定要使锯条与铜板的表面垂直，且锯切操作要沿图案边缘进行。

工序 6
铜剑 - 锯槽

任务要求：在剑身与护手、护手与手柄及手柄与柄头之间的分隔线位置，垂直于铜板原表面锯出 6 条（正反面各 3 条）深度约为 0.45mm 的槽线。

任务制作：使用线锯沿铜剑表面所画六条辅助线且垂直于铜板的原表面进行锯切操作，直至锯出深度约为 0.45mm 的槽线为止。这 6 条槽线是后期修整铜剑的依据（见图 2-3-28、图 2-3-29）。

注意事项：在锯切操作过程中一定要使锯条与铜板的原表面垂直，并且所锯的槽线应与铜剑剑身侧面垂直且位置要准确。

图2-3-27　铜剑-锯铜剑

图2-3-28　铜剑-锯槽位置

图2-3-29　铜剑-锯槽完成

任务四　万字链制作

工序5 万字链-锯链颗 	**任务要求**：使用线锯将绕好的链颗逐个锯下来。 **任务制作**：将链芯及绕好的链（绕好的链呈弹簧状）固定在台塞上的合适位置，使用线锯将链颗从绕好的"弹簧"上逐个锯下来并收集好备用（见图2-3-30、图2-3-31）。 **注意事项**：在锯链颗时要使线锯的锯条与链芯在一条直线上，且锯切的方向朝链芯的圆心。

图2-3-30　万字链-锯链颗

图2-3-31　万字链-锯链颗完成

任务六　四叶草戒指制作

工序3 四叶草戒指-锯 四叶草	**任务要求**：使用线锯沿图案边缘将四叶草从铜板上锯下来。 **任务制作**：将贴好四叶草图案的铜板固定在台塞上的合适位置，使用线锯从铜板上合适的位置下锯，沿所贴图案的边缘将四叶草锯切下来（见图2-3-32）。 **注意事项**：在锯切操作过程中一定要使锯条与铜板的表面垂直且锯切操作要沿图案边缘进行；另外要保证所贴的四叶草图案位置不动。
工序6 四叶草戒指-准 备戒指圈	**任务要求**：从准备好的铜板上将戒指圈材料锯下来。 **任务制作**：将画完图的铜板固定在台塞上，使用线锯将戒指圈材料锯下来（见图2-3-33）。 **注意事项**：在锯切操作过程中一定要使锯条与铜板的表面垂直且锯切操作要沿图案边缘进行。

图2-3-32　四叶草戒指-锯四叶草

图2-3-33　四叶草戒指-准备戒指圈

任务八　五角星胸针制作

工序 3 **五角星胸针 -** **锯五角星** 	**任务要求：** 使用线锯沿图案边缘将五角星从铜板上锯下来。 **任务制作：** 将画好五角星图案的铜板固定在台塞上的合适位置，使用线锯从铜板上合适的位置下锯，沿所画图案的边缘将五角星切下来（见图 2-3-34）。 **注意事项：** 在锯切操作过程中一定要使锯条与铜板的表面垂直且锯切操作要沿图案边缘进行。
工序 6 **五角星胸针 -** **锯槽** 	**任务要求：** 将五角星的 5 个凹角的槽线锯出来。 **任务制作：** 将修整好的五角星固定在台塞上，使用线锯从五角星正面所画的 5 条辅助线的凹角处倾斜运锯，将五角星的 5 个凹角的槽线锯出来（见图 2-3-35、图 2-3-36）。 **注意事项：** 在锯切操作过程中一定要使锯条与铜板的原表面有一定角度，并且所锯的槽线在圆心及凹角的线组成的平面上，且槽线的上端不能过圆心、下端不能过铜板的底面。

图 2-3-34　五角星胸针 -
　　　　　锯五角星完成

图 2-3-35　五角星胸针 - 锯槽

图 2-3-36　五角星胸针 - 锯槽完成

任务九　奔驰标吊坠制作

工序 3 **奔驰标吊坠 -** **锯三叉星** 	**任务要求：** 使用线锯沿图案边缘将三叉星从铜板上锯下来。 **任务制作：** 将画好三叉星图案的铜板固定在台塞上的合适位置，使用线锯从铜板上合适的位置下锯，沿所画图案的边缘将三叉星切下来（见图 2-3-37）。 **注意事项：** 在锯切操作过程中一定要使锯条与铜板的表面垂直且锯切操作要沿图案边缘进行。
工序 7 **奔驰标吊坠 -** **三叉星锯槽** 	**任务要求：** 将三叉星正反两面的 6 个凹角的槽线锯出来。 **任务制作：** 将修整好的三叉星固定在台塞上，使用线锯从三叉星正面所画的 3 条辅助线的凹角处倾斜运锯，将三叉星正面的 3 个凹角的槽线锯出来。同样的操作将三叉星反面的 3 个凹角的槽线也锯出来（见图 2-3-38、图 2-3-39）。 **注意事项：** 在锯切操作过程中一定要使锯条与铜板的原表面有一定角度，并且所锯的槽线在圆心及凹角的线组成的平面上，且槽线的上端不能过圆心、下端不能过铜板的中线。

图 2-3-37　奔驰标吊坠 - 锯
　　　　　三叉星完成

图 2-3-38　奔驰标吊坠 -
　　　　　三叉星锯槽

图 2-3-39　奔驰标吊坠 -
　　　　　三叉星锯槽完成

任务十　字符吊坠制作

工序 4
字符吊坠 – 锯图案内部

任务要求：在图案内部打孔，并使用线锯将图案内部多余的材料锯下来。

任务制作：将贴好图案的铜板固定在台塞上，使用吊机和麻花钻在两个八卦图案内部的合适位置（接近白色图案的内边缘线）各打一个孔，一个打在图案内部的白色区域，另外一个打在白色的卦眼内部。

将锯条的一端安装好，另外一端穿过所打的孔之后固定好。然后使用线锯将八卦图案内部白色区域多余的材料锯下来（见图2-3-40）。

注意事项：在锯切操作过程中一定要使锯条与铜板的表面垂直且锯切操作要沿图案边缘进行。

工序 5
字符吊坠 – 材料准备完成

任务要求：使用线锯沿图案边缘将八卦图从铜板上锯下来。

任务制作：将贴好八卦图案的铜板固定在台塞上的合适位置，使用线锯从图案外部合适的位置下锯，沿所贴图案的边缘将两个八卦图案锯切下来（见图2-3-41）。

注意事项：在锯切操作过程中一定要使锯条与铜板的表面垂直且锯切操作要沿图案边缘进行。

图2-3-40　字符吊坠 – 锯图案内部

图2-3-41　字符吊坠 – 材料准备完成

任务十一　盒子制作

工序 3
盒子 – 锯料

任务要求：使用线锯沿所画图案边缘将制作盒子壁所需的材料从铜板上锯下来。

任务制作：将画好盒子壁图案的铜板固定在台塞上的合适位置，使用线锯从铜板上合适的位置下锯，沿所画图案的边缘将制作盒子壁所需的材料从铜板上锯切下来（见图2-3-42）。

注意事项：在锯切操作过程中一定要使锯条与铜板的表面垂直且锯切操作要沿图案边缘进行。

工序 5
盒子 – 锯槽

任务要求：在所画的3条平行线处锯出3条深度约为0.6mm的槽。

任务制作：将铜板固定在台塞上，让锯条与铜板的原平面垂直，使用线锯在所画的3条平行线处锯出3条深度约为0.6mm的槽（见图2-3-43、图2-3-44）。

注意事项：在锯切过程中要保证锯条与铜板的原平面垂直且所锯的槽线与所画的3条线重叠。另外所锯的槽线的深度不得超过0.6mm。

工序 7
盒子 – 准备盖、底

任务要求：将画好的盒子盖、底的材料锯下来。

任务制作：将铜板固定在台塞上，使用线锯从铜板上合适的位置下锯，沿所画图案的边缘将制作盒子盖、底所需的材料从铜板上锯切下来（见图2-3-45、图2-3-46）。

注意事项：在锯切操作过程中一定要使锯条与铜板的表面垂直且锯切操作要沿图案边缘进行。

任务十一　盒子制作

**工序 16
盒子－锯多余
材料、画盒盖
辅助线**

任务要求： 将盒盖材料的多余部分锯掉。在盒壁四周上合适高度的位置画辅助线。

任务制作： 将焊接好的盒子固定在台塞上，使用线锯将盒盖上多余的材料锯下来。
使用游标卡尺在盒壁四周上合适高度的位置（距离盒底 13~15mm 处）画辅助线，辅助线的位置就是盒子主体与盒子盖的分界线（见图 2-3-47、图 2-3-48）。

注意事项： 锯盒盖材料时不要锯到盒子上的其他位置；辅助线的位置要与盒子整体的大小比例相匹配。

**工序 17
盒子－锯开盒子**

任务要求： 沿辅助线位置将盒子锯成两半。

任务制作： 将盒子固定在台塞上，沿辅助线运锯，将盒子从辅助线处锯开，从而将盒子一分为二，一半为盒子顶，另外一半为盒子底（见图 2-3-49）。

注意事项： 在锯切过程中要使锯条与盒子壁保持垂直状态。

**工序 26
盒子－准备
合页管**

任务要求： 使用线锯将合适长度的合页管料锯切下来。

任务制作： 将拉好的合页管料固定在台塞上，使用线锯在合适的位置下锯，锯出 2 段合页管料（见图 2-3-50）。

注意事项： 由于合页管料比较细，所以在进行锯切的时候一定要将材料固定好。

图 2-3-42　盒子－锯料完成

图 2-3-43　盒子－锯槽

图 2-3-44　盒子－锯槽完成

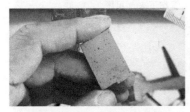

图 2-3-45　盒子－准备盖

图 2-3-46　盒子－准备底

图 2-3-47　盒子－锯多余材料

图 2-3-48　盒子－画盒盖辅助线完成

图 2-3-49　盒子－锯开盒子

图 2-3-50　盒子－准备合页管

任务十二 弧面戒指制作

工序2
弧面戒指 – 戒圈
材料准备

任务要求：根据材料的规格及戒指的设计大小准备合适长度的材料。

任务制作：按照22号戒指的大小，使用游标卡尺在准备好的材料上量出66.5mm的长度，然后使用线锯将材料锯下来（见图2-3-51、图2-3-52）。

注意事项：准备材料时要留足余量。

图2-3-51 弧面戒指 – 戒圈材料准备　　图2-3-52 弧面戒指 – 戒圈材料准备完成

任务十三 编织戒指制作

工序9
编织戒指 – 锯
麻花料

任务要求：根据材料的规格及戒指的设计大小准备合适长度的材料。

任务制作：按照18号戒指的大小，加上2倍材料的厚度，使用游标卡尺在准备好的材料上量出60mm的长度，然后使用线锯将材料锯下来（见图2-3-53、图2-3-54）。

注意事项：准备材料时要留足余量。

图2-3-53 编织戒指 – 锯麻花料　　图2-3-54 编织戒指 – 锯麻花料完成

任务十四 掐丝戒指制作

工序13
掐丝戒指 – 戒圈
侧壁材料准备

任务要求：将银板上的图样锯下来。

任务制作：使用钻针或麻花钻在2个同心圆内部的合适位置打2个孔，然后使用线锯将所画的图样锯下来（见图2-3-55）。

注意事项：锯切的时候不要锯到所画的线。

任务十七 单套侧身链制作

工序3
单套侧身链 –
锯链颗

任务要求：将所绕的链颗逐个锯下来。

任务制作：将链芯插在"弹簧"中并以合适的姿势固定在台塞上，使用线锯将所绕的链颗逐个锯下来（见图2-3-56）。

注意事项：不要锯到链芯；锯切的位置整体要在一条直线上。

图 2-3-55　掐丝戒指－戒圈侧壁材料准备

图 2-3-56　单套侧身链－锯链颗

任务十八　马鞭链制作

工序 3 马鞭链－锯链颗 	**任务要求**：将所绕的链颗逐个锯下来。 **任务制作**：将链芯插在"弹簧"中并以合适的姿势固定在台塞上，使用线锯将所绕的链颗逐个锯下来（见图 2-3-57）。 **注意事项**：不要锯到链芯；锯切的位置整体要在一条直线上。
工序 12 马鞭链－锯链扣卡扣孔	**任务要求**：将马鞭链的卡扣孔锯出来并做简单的修整。 **任务制作**：使用钻针或麻花钻在马鞭链的卡扣孔中的合适位置打孔，然后使用线锯将卡扣孔的内部图案锯出，再使用线锯将卡扣孔内部的 4 个直角修整成标准的直角（见图 2-3-58）。 **注意事项**：锯切的时候不要锯到所画的线。
工序 15 马鞭链－锯、修链扣扣头	**任务要求**：按照设计的图样将马鞭链链扣的扣头锯出来。 **任务制作**：使用线锯在银板上将马鞭链链扣的扣头锯出来（见图 2-3-59）。 **注意事项**：锯切的时候不要锯到所画的线。

图 2-3-57　马鞭链－锯链颗

图 2-3-58　马鞭链－锯链扣卡扣孔

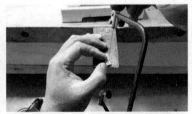

图 2-3-59　马鞭链－锯链扣扣头

任务十九　肖邦链制作

工序 17 肖邦链－锯开链扣	**任务要求**：沿着制作好的肖邦链的链扣上所画的斜线，使用线锯将链扣从中间锯成两半。 **任务制作**：使用游标卡尺测量好距离，然后使用钢尺和钢针画线，再使用线锯沿所画的线进行锯切，将制作好的链扣从中间锯开，使链扣一分为二（见图 2-3-60）。 **注意事项**：测量和画线要精确；锯切要垂直于链扣进行。

任务十九 肖邦链制作

工序 21

肖邦链 – 链扣卡

扣材料准备

任务要求：按照设计要求，准备2块链扣卡扣的材料。

任务制作：按照肖邦链卡扣的设计，使用线锯在银板上锯下2块大小一致的直角梯形的材料（见图2-3-61）。

注意事项：测量和画图要精确；锯切要留修整的余量。

图2-3-60 肖邦链 – 锯开链扣

图2-3-61 肖邦链–链扣卡扣材料准备

任务二十二 如意算盘制作

工序 3

如意算盘 – 制作

算珠（锯链颗）

任务要求：将所绕的链颗逐个锯下来。

任务制作：沿着所画的线，在准备好的银板上将制作算盘横框、梁所需的材料锯下来（见图2-3-62）。

注意事项：锯切要留修整的余量。

工序 9

如意算盘 – 制作

算盘框、梁

（锯料）

任务要求：按照设计要求，在准备好的银板上将制作算盘横框、梁所需的材料锯下来。

任务制作：将链芯插在"弹簧"中并以合适的姿势固定在台塞上，使用线锯将所绕的链颗逐个锯下来（见图2-3-63）。

注意事项：不要锯到链芯；锯切的位置整体要在一条直线上。

工序 18

如意算盘 – 制作

算盘框、梁

（确定竖框长度）

任务要求：按照设计的要求，将制作算盘竖框的材料锯下来。

任务制作：沿着所画的线，在准备好的银板上将制作算盘竖框所需的材料锯下来（见图2-3-64）。

注意事项：锯切要留修整的余量。

图2-3-62 如意算盘 – 制作
算珠（锯链颗）

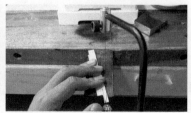

图2-3-63 如意算盘 – 制作
算盘框、梁（锯料）

图2-3-64 如意算盘 – 制作
算盘框、梁（确定竖框长度）

练习四　锉刀的使用 ➡

一、常用工具及使用方法

1. 常用工具介绍

（1）大板锉　大板锉（见图2-4-1）在首饰制作过程中一般用于较大工件的锉削。

（2）红柄锉　红柄锉（见图2-4-2）因柄上涂满红色油漆而得名，是首饰制作过程中最常用的一类锉刀。常用的有半圆形红柄锉和三角形红柄锉两种。

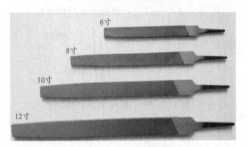

图2-4-1　大板锉

图2-4-2　红柄锉

（3）整形锉　整形锉（见图2-4-3、图2-4-4）在首饰制作过程中也比较常用，其锉纹粗细与红柄锉差不多，多用于一些特殊角度要求的锉削面的修整。

（4）油光锉　油光锉（见图2-4-5），又称精修锉，在首饰制作过程中是工件锉削中最后使用的一种锉刀。用于工件的精修，是工件打砂纸之前必要的一道工序。精修，即将工件各部位的表面全面修整一遍，将之前使用红柄锉或整形锉修整时留在工件表面的粗锉痕锉掉，取而代之的是油光锉修整过留下的细锉痕，并使工件各部位符合制作要求。

图2-4-3　什锦套锉

图2-4-4　三角牌整形锉

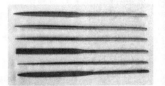

图2-4-5　油光锉

2. 工具的使用方法

（1）小型锉刀的握法　将锉柄末端顶在掌心，食指置于锉刀面上，用拇指和中指侧面夹紧锉刀，其他三指自然握住锉刀（见图2-4-6、图2-4-7）。

图2-4-6　锉柄末端的位置

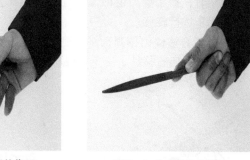
图2-4-7　锉刀的握法

（2）工件修整时的运锉方法　将要修整的工件固定在工作台的台塞上，使用合适的锉刀、采用相应的锉削方法对工件上相应的表面进行锉削。

锉刀的使用方法

二、　基本操作示例

1.平面的锉削方法

锉削平面是锉削中最基本的操作。为了使平面易于锉平，常用下面几种方法：

平面的锉法

（1）交叉锉法　锉刀的运动方向是交叉的，因此工件的锉面上能显出高低不平的痕迹，这样容易锉出准确的平面。交叉锉法很重要，一般在平面没有锉平时，多用交叉锉法来找平（见图2-4-8）。

（2）顺锉法　锉刀的运动方向是单方向的，并沿工件表面横向移动。为了能够均匀地锉削工件表面，每次退回锉刀时，向旁边移动5~10mm。顺锉法一般在交叉锉后采用，主要用来把锉纹锉顺，起锉光、锉平的作用（见图2-4-9）。

（3）推锉法　推锉法用来顺直锉纹、修平平面、改善工件表面粗糙度，适用于锉光较窄的工件表面（见图2-4-10）。

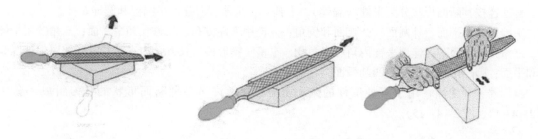
图2-4-8　交叉锉法　　　　　图2-4-9　顺锉法　　　　　图2-4-10　推锉法

2.内、外圆弧面的锉削方法

弧面的锉法

（1）滚锉法锉外圆弧面　指环外圆弧面的锉削一般采用滚锉法。开始时，锉刀头紧靠锉削指环半圆弧侧面，锉刀头向上，右手所握锉柄向下，然后向前推锉，锉削位置逐渐靠至指环半圆弧顶部时，左手应把指环另一侧翻向锉刀，此时锉刀头摆向下方，锉刀继续朝下向前做弧形运动（见图2-4-11）。

锉削时两手要协调，右手压力要均匀、准确（锉削至弧面顶部位置时压力减缓），速度要适当，当每次完成弧形锉削运动时，抬起锉刀返回原起锉刀的侧面，如此重复锉削。锉削过程中，由左手协调指环待锉削部位，逐步进行旋移。

（2）直锉与横向旋锉混合法锉内圆弧面　锉削时，锉刀既要做向前运动，锉刀本身又要做旋转运动，并在旋转的同时向左或向右移动，这3种运动要在锉削过程中同时进行（见图2-4-12）。

图2-4-11　滚锉法

图2-4-12　内圆弧面的锉削

由左手协调指环内圆待锉削部位，整体锉削过程中逐步进行旋移。

不同形状锉刀的使用

三、相关知识拓展

1. 锉刀介绍

（1）常用锉刀的种类　常用锉刀分普通锉和整形锉两类（见图2-4-13）。

图2-4-13　首饰制作中常用的锉刀

普通锉按其断面形状分为平锉（扁锉）、方锉、三角锉、刀锉、半圆锉和圆锉6种。

平锉用来锉平面、外圆面、凸弧面和倒角；方锉用来锉方孔、长方孔和窄平面；三角锉用来锉内角、三角孔和平面；刀锉用来锉内角、三角孔、窄槽、楔形槽、长方孔内平面；半圆锉用来锉凹圆弧面和平面；圆锉用来锉圆孔和凹圆弧面。

整形锉（什锦锉）用于修整工件的细小部分，它由许多各种断面形状的锉刀组成一套（见图2-4-14、图2-4-15）。

图2-4-14　大整形锉　　　　　　　　图2-4-15　小整形锉

普通锉的规格是用锉刀的长度、锉齿粗细及断面形状来表示的。长度规格有100mm、125mm、150mm、200mm、250mm、300mm、400mm和450mm等几种（见图2-4-16）。

（2）常用锉刀的齿号 锉刀的粗细即是指锉刀齿纹齿距的大小。锉刀的粗细等级分为下列几种。

1 号纹：齿距为 2.30 ~ 0.83mm，粗锉刀。

2 号纹：齿距为 0.77 ~ 0.42mm，中锉刀。

3 号纹：齿距为 0.33 ~ 0.25mm，细锉刀。

4 号纹：齿距为 0.25 ~ 0.20mm，双细锉刀。

5 号纹：齿距为 0.20 ~ 0.16mm，油光锉刀。

图 2-4-16 常用锉刀的长度比较

一般情况下，锉刀长、齿距大锉削速度快，锉刀短、齿距小锉削速度慢；锉刀齿距大锉削面越粗糙，齿距小锉削面越细致。

2. 锉刀的选择原则

一般情况下，粗锉刀有较大的容屑空间，适用于锉削软材料以及加工余量大和要求不太高的工件。细锉刀用于加工余量小、精度等级高和表面粗糙度小的工件。

锉刀的选择原则是要优先选用粗锉刀，再用细锉刀，最后用油光锉。要根据所修整工件的不同位置及要求选择不同形状的锉刀。

（1）锉刀断面形状的选择 锉刀的断面形状应根据被锉削零件的形状来选择，使两者的形状相适应。锉削内圆弧面时，要选择半圆锉或圆锉（小直径的工件）；锉削内角表面时，要选择三角锉或刀型锉；锉削内直角表面时，可以选用扁锉或方锉等。选用扁锉锉削内直角表面时，要注意使锉刀没有齿的窄面（光边）靠近内直角的一个面，以免碰伤该直角表面。

（2）锉刀齿粗细的选择 锉刀齿的粗细要根据加工工件的余量大小、加工精度、材料性质来选择。粗齿锉刀适用于加工大余量、尺寸精度低、形位公差大、表面粗糙度数值大、材料软的工件；反之应选择细齿锉刀。使用时，要根据工件要求的加工余量、尺寸精度和表面粗糙度的大小来选择。

（3）锉刀尺寸规格的选择 锉刀尺寸规格应根据被加工工件的尺寸和加工余量来选用。加工尺寸大、余量大时，要选用大尺寸规格的锉刀，反之要选用小尺寸规格的锉刀。

3. 锉削面的检查方法

（1）平直度检查 工件平面锉好后，将工件擦净，用刀口形直尺（或钢尺）以透光法来检查平直度。检查时，刀口形直尺（或钢尺）只用 3 根手指（大拇指、食指和中指）拿住尺边。如果刀口形直尺与工件平面间透光微弱而均匀，说明该平面是平直的；假如透光强弱不一，说明该平面高低不平（见图 2-4-17）。

锉削面的
检查方法

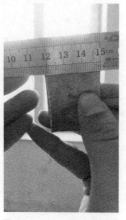

图 2-4-17 平直度检查

（2）垂直度检查　检查垂直度使用90°角尺。检查时采用透光法，先选择基准面，再对其他各面有次序地检查。

（3）圆及弧度检查　圆弧面质量一般包括轮廓尺寸精度、形状精度和表面粗糙度等内容，当精度要求不高时，可以用圆弧样板透光法检查。圆弧样板与工件接触面的缝隙均匀，透光微弱，则圆弧轮廓尺寸、形状精度合格。若圆弧样板与圆弧接触缝隙不均匀，仅有几点接触，说明圆弧轮廓尺寸和形状精度太低，为多棱边的圆弧。

4. 锉刀的保养

1）新锉刀的锉齿上都有毛刺，若用来锉削硬金属，毛刺就会磨掉，锉刀也会早期磨钝，因而，不可用新锉刀锉硬的生铁和钢。

2）不可用新锉刀锉氧化铁皮或铸造硬皮的表面以及未退火的硬钢件，氧化铁皮和铸造硬皮必须先在砂轮上磨掉，只有在不得已的情况下，才可以用旧锉刀锉掉。

3）不可用细锉锉软金属（铅、锡等），因为软金属的锉层容易嵌入锉齿的齿槽，而使锉刀在工件表面打滑。

4）不可把锉刀堆放在一起，以免碰坏锉齿。

5）不可使锉刀沾水或放在潮湿的地方，以防锈蚀。

6）当锉软金属时，齿槽常被锉屑堵塞，这时可用钢丝刷将锉屑刷去。为了避免锉齿被钢丝刷磨钝，应沿锉齿的方向，使钢丝刷向钢丝钩着的一面刷去。若嵌牢的是大锉屑，则用铜刮刀刮去，但要顺着锉齿的方向剔除。

5. 为了延长锉刀的使用寿命，必须遵守的规则

1）不准用新锉刀锉硬金属。

2）不准用锉刀锉淬火材料。

3）有硬皮或粘砂的锻件和铸件，须在砂轮机上将其磨掉后，才可用半锋利的锉刀锉削。

4）新锉刀先使用一面，当该面磨钝后，再用另一面。

5）锉削时，要经常用钢丝刷清除锉齿上的切屑。

6）锉刀不可重叠或者和其他工具堆放在一起。

7）使用锉刀时不宜速度过快，否则容易过早磨损。

8）锉刀要避免沾水、沾油或其他脏物。

9）细锉刀不允许锉软金属。

10）使用整形锉时用力不宜过大，以免折断。

四、练习任务

任务一　宝塔制作		
工序4 **宝塔－修整材料** 	**任务要求**：使用合适的锉刀将所锯下来的工件的边缘修整到线。 **任务制作**：将工件顶在台塞正前方侧面的小平面上，使用油光锉对这5块小材料的边缘进行修整，直至修整到所画的线为止（见图2-4-18）。 **注意事项**：由于工件比较小，修整时一定要将工件固定牢。	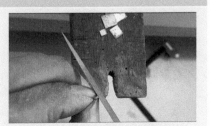 图2-4-18　宝塔－修整材料

任务二　台阶制作

工序4 台阶－修整材料	**任务要求**：使用合适的锉刀将所锯下来的工件的边缘修整到线。 **任务制作**：将工件顶在台塞正前方侧面的小平面上，使用油光锉对这9块小材料的边缘进行修整，直至修整到所画的线为止（见图2-4-19）。 **注意事项**：由于工件比较小，修整时一定要将工件固定牢。
工序8 台阶－整体修整	**任务要求**：对台阶整体进行一遍修整。 **任务制作**：将焊好的台阶固定在台塞上，使用合适形状的整形锉将台阶的表面整体修整一遍，使台阶更加美观（见图2-4-20）。 **注意事项**：修整过程中要边修整边观察台阶的整体效果。
工序9 台阶－整体精修	**任务要求**：对台阶整体进行一遍精修。 **任务制作**：将焊好的台阶固定在台塞上，使用合适形状的油光锉将台阶的表面整体精修一遍，将整形锉留下的较粗的锉痕锉掉，使台阶的表面更加细腻（见图2-4-21）。 **注意事项**：修整过程中要边修整边观察台阶的整体效果。

图2-4-19　台阶－修整材料　　　图2-4-20　台阶－整体修整　　　图2-4-21　台阶－整体精修

任务三　铜剑制作

工序4 铜剑－粗修	**任务要求**：将锯下的铜剑侧面边缘的不规则平面修整成表面粗糙的、标准的平面，并且所修整出来的平面的边缘要接近所画的轮廓线。 **任务制作**：将锯下来的铜剑固定在工作台的台塞上，使用大板锉或红柄锉对铜剑侧面边缘的不规则平面进行平面的锉削操作，将锯切操作留在铜剑边缘的锯痕锉掉，取而代之的是若干个有较粗锉痕的标准的平面。并且经过锉削所修整出来的平面的边缘要接近所画的轮廓线（见图2-4-22）。 **注意事项**：在进行平面的锉削操作时一定要将铜剑牢牢地固定在台塞上，避免锉削过程中铜剑因打滑而锉削到铜剑上的其他位置。所修整出来的新的平面要与铜板的原有平面垂直且接近铜剑的轮廓线，为后期精修留有余量。
工序5 铜剑－精修及 画侧面辅助线	**任务要求**：将铜剑侧面经上一道工序中修整出的粗糙的平面修整成细致的平面，且要修整到铜剑的轮廓线。然后把铜剑制作中所需的辅助线画出来。 **任务制作**：将铜剑固定在台塞上，使用带平面的油光锉（建议使用油光锉中的板锉或竹叶锉）对铜剑侧面的粗糙的平面进行锉削操作，将原平面上的粗锉痕锉掉，取而代之的是油光锉留下的细锉痕。同时要将粗修过程中在所修出平面边缘的毛刺锉掉。并且锉出的新平面要修整到所画的铜剑的轮廓线。 将游标卡尺测量爪的宽度的调节到1.5mm（因铜板厚度为3mm，取厚度值的一半为1.5mm），然后直接将游标卡尺的一个外测量爪卡在铜剑剑身原平面上，然后使用另外一个外测量爪将铜剑侧面的中线画出来。再使用钢尺、钢针等工具画出剑身与护手、护手与手柄及手柄与柄头之间的分隔线（见图2-4-23）。 **注意事项**：锉削时要将铜剑固定牢固，以免锉削过程中因铜剑打滑而锉削到其他位置。另外，在使用游标卡尺的外测量爪画侧面的中线时需注意画线技巧。

任务三　铜剑制作

	任务要求	任务制作 / 注意事项

工序 7
铜剑－修薄剑身

任务要求：将铜剑剑身部分修薄至接近2mm。

任务制作：把铜剑固定在台塞上，使用大板锉或红柄锉对铜剑剑身部分的2个平面进行锉削操作，把每一个平面向下锉掉接近0.45mm的部分（见图2-4-24）。

注意事项：要保证锉削出来的2个新的平面要与铜剑的侧面垂直，同时要锉削到位且不能锉到铜剑的护手。另外要在锉削过程中注意控制速度，要边锉削边观察锉削面的位置，要为精修留修整的余量。

工序 8
铜剑－精修剑身及补辅助线

任务要求：将剑身新锉削出来的2个平面精修一遍，并补上剑身上剑脊位置的辅助线。

任务制作：把铜剑固定在台塞上，使用带平面的油光锉（建议使用板锉或竹叶锉）把上一道工序中所锉出来的2个平面精修一遍，将粗糙的表面修整成比较精细的表面。再使用游标卡尺的外测量爪把剑身上剑脊位置的辅助线补上（见图2-4-25）。

注意事项：在精修剑身时要注意不要锉到铜剑的护手；所补的辅助线要精确。

工序 9
铜剑－修剑刃、剑脊

任务要求：将铜剑剑身截面的形态由长方形修整为比较扁的菱形。

任务制作：将铜剑固定在台塞上，使用大板锉或红柄锉对铜剑的剑身进行修整，在剑身上修整出四个与铜板原平面有一定角度的倾斜的平面，即剑身正反两面的中线是铜剑的剑脊，剑身两个侧面的中线是铜剑的剑刃（见图2-4-26）。

注意事项：在修整过程中要以铜剑剑身正反两面的中线以及两个侧面的中线为参照物，注意锉出的新平面不要修整过线。为使修整出来的四个平面比较标准，需要在锉削的后期使用交叉锉法。

工序 10
铜剑－修整剑柄

任务要求：将铜剑的剑柄修整成圆柱或纺锤的形态。

任务制作：将铜剑固定在台塞上，使用较小的带平面的整形锉对铜剑剑柄部位采用滚锉法进行修整，将剑柄部分修整成圆柱或纺锤的形态（见图2-4-27）。

注意事项：由于剑柄在护手和柄头之间，因此在对剑柄进行修整时应注意控制锉刀，避免锉到铜剑的护手或柄头。

工序 11
铜剑－修整剑挡及护手

任务要求：修整剑挡及护手。

任务制作：将铜剑固定在台塞上，使用合适的整形锉，采用合适的运锉方法，对铜剑的剑挡和护手进行修整，使铜剑的剑挡和护手能够与铜剑的剑身和剑柄完美搭配，使铜剑的整体效果更加美观（见图2-4-28、图2-4-29）。

注意事项：锉刀的选用及采用的运锉方法要合理，修整不同的部位要使用不同的锉刀，同时搭配不同的运锉方法。

工序 12
铜剑－精修

任务要求：将铜剑所有表面修整到比较光亮的状态。

任务制作：将铜剑固定在台塞上，使用合适的油光锉（建议使用板锉、竹叶锉或三角锉）对铜剑所有的表面进行锉削处理。将之前的工序中大板锉、红柄锉及整形锉留在铜剑表面的粗锉痕锉掉，取而代之的是使用油光锉锉削过后留下的细锉痕（见图2-4-30）。

注意事项：对不同部位进行修整要使用合适的锉刀；修整过程中一定要做到全面、到位，不留任何死角。

工序 13
铜剑－修整剑尖

任务要求：将铜剑的剑尖修整出来。

任务制作：将铜剑固定在台塞上，使用油光锉中的板锉，采用平面的锉削方法，锉削出4个三角形的小平面，将铜剑的剑尖修整出来（见图2-4-31）。

注意事项：修整剑尖时要注意铜剑正反两面及侧面的4条辅助线的位置，一定要使剑尖上相邻的2个小平面都相交于辅助线。

图 2-4-22　铜剑 - 粗修完成

图 2-4-23　铜剑 - 侧面辅助线

图 2-4-24　铜剑 - 修薄剑身

图 2-4-25　铜剑 - 剑身补辅助线

图 2-4-26　铜剑 - 修剑刃、剑脊

图 2-4-27　铜剑 - 修整剑柄

图 2-4-28　铜剑 - 修整剑挡

图 2-4-29　铜剑 - 修整护手

图 2-4-30　铜剑 - 精修

图 2-4-31　铜剑 - 修整剑尖完成

任务五　钉子戒指制作

工序 4 钉子戒指 - 修整 	**任务要求：**将钉子戒指的表面初步修整一遍。 **任务制作：**将焊接好钉子帽的条形钉子戒指固定在台塞上，使用合适形状的油光锉将工件表面整体锉削一遍，去除前面工序在工件表面留下的痕迹（见图 2-4-32）。 **注意事项：**进行不同部位的修整时，锉刀的选择要合适；表面修整要全面、到位，不留死角。
工序 6 钉子戒指 - 精修	**任务要求：**将钉子戒指的表面精修一遍。 **任务制作：**将已经校圆的钉子戒指固定在台塞上，使用合适形状的油光锉将工件的表面整体精修一遍，让较细的油光锉痕取代粗修时在工件表面留下的粗锉痕，让钉子戒指达到打砂纸的要求（见图 2-4-33）。 **注意事项：**进行不同部位的修整时，锉刀的选择要合适；表面修整要全面、到位，不留死角。

图 2-4-32　钉子戒指 - 修整　　　　　　　　　　图 2-4-33　钉子戒指 - 精修

任务六　四叶草戒指制作	
工序 4 四叶草戒指 - 粗修四叶草 	**任务要求**：将戒指的戒台部分的边缘及表面进行修整，使之具有图案中的四叶草形态。 **任务制作**：将锯下来的四叶草戒指的戒台部分固定在台塞上，使用合适形状的整形锉先将戒台的边缘修整到图案的边缘线，然后按图案的设计式样对戒台的表面进行修整，再使用线锯将四叶草的 4 瓣叶片的分界线锯出来，使戒台初步具有四叶草的形态（见图 2-4-34、图 2-4-35）。 **注意事项**：进行不同部位的修整时，锉刀的选择要合适；修整出的四叶草形态要立体、对称。
工序 5 四叶草戒指 - 精修四叶草 	**任务要求**：将戒指的戒台部分在粗修的基础上进行精修，使修整之后的四叶草形态更加生动逼真。 **任务制作**：将粗修完的四叶草戒指的戒台固定在台塞上，使用合适形状的油光锉对戒台的 4 个叶片及其他表面进行一遍精修，让较细的油光锉痕取代粗修时在工件表面留下的粗锉痕，并使修整之后的四叶草形态更加生动逼真（见图 2-4-36、图 2-4-37）。 **注意事项**：进行不同部位的修整时，锉刀的选择要合适；四叶草的叶片是修整的重点；表面修整要全面、到位，不留死角。
工序 7 四叶草戒指 - 修整戒指圈 	**任务要求**：将锯下来的戒指圈材料的边缘修整成标准的长条形。 **任务制作**：将锯下来的戒指圈材料固定在台塞上，使用红柄锉将戒指圈材料的 4 个边缘修整平齐，使材料成为标准的长条形（见图 2-4-38）。 **注意事项**：修整时，戒指圈材料一定要固定牢，以防止将材料修偏。
工序 8 四叶草戒指 - 修整焊接点 	**任务要求**：将戒指圈材料的两端修整成"人"形，使戒指圈材料的两端与戒台对接到一起能满足焊接的要求。 **任务制作**：将戒指圈材料固定在台塞上，先使用较粗的圆形的整形锉将材料的两端修整出大致的"人"形；然后再使用圆形的油光锉对两处"人"形部位进行精修，并且要边修边与戒台进行比较，直至两处"人"形的焊接点与四叶草戒台对接在一起，都能满足焊接的要求为止（见图 2-4-39、图 2-4-40）。 **注意事项**：修整时先使用较粗的整形锉，以提高修整效率；两处"人"形的焊接点的精修一定要慢，要边修整边比对，直至两处焊接点与戒台对接在一起基本上没有缝隙为止。
工序 12 四叶草戒指 - 整体修整 	**任务要求**：将四叶草戒指戒台的底部修整成弧面，并且将戒指的焊接点附近的表面初步修整一遍。 **任务制作**：将煲完明矾水的四叶草戒指固定在台塞上，使用红柄锉或其他带有弧面的整形锉先将戒台的底部修整成能与戒指圈相匹配的圆弧形，在修整时要边修整边校圆；再使用合适形状的整形锉将戒指焊接点附近及其他位置的表面修整一遍，去除前面工序在工件表面留下的痕迹，使戒指整体变得更加美观（见图 2-4-41、图 2-4-42）。 **注意事项**：进行不同部位的修整时，锉刀的选择要合适；表面修整要全面、到位，不留死角。

任务六　四叶草戒指制作

工序 13
四叶草戒指 –
整体精修

任务要求：将四叶草戒指的表面精修一遍。

任务制作：将粗修完的四叶草戒指固定在台塞上，使用合适形状的油光锉将工件表面的所有表面整体精修一遍，让较细的油光锉痕取代粗修时在工件表面留下的粗锉痕，让四叶草戒指达到打砂纸的要求（见图2-4-43）。

注意事项：进行不同部位的修整时，锉刀的选择要合适；表面修整要全面、到位，不留死角。

图2-4-34　四叶草戒指–粗修四叶草

图2-4-35　四叶草戒指–锯四叶草叶片分界线

图2-4-36　四叶草戒指–精修四叶草

图2-4-37　四叶草戒指–精修四叶草完成

图2-4-38　四叶草戒指–修整戒指圈

图2-4-39　四叶草戒指–修整焊接点

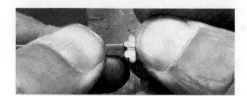

图2-4-40　四叶草戒指–对比焊接点

图2-4-41　四叶草戒指–修整戒台底部

图2-4-42　四叶草戒指–整体修整完成

图2-4-43　四叶草戒指–整体精修

任务七　球形耳钉制作

工序 4 球形耳钉 - 修整 	**任务要求**：对制作完成的 4 个半球形工件的边缘修整平齐，使这 4 个半球形的工件满足焊接的要求。 **任务制作**：使用圆头钳夹住一个半球形工件，然后将其固定在台塞上，再使用带平面的油光锉对半球形工件的边缘进行锉削，将边缘修整平齐；用同样的方法将其他 3 个半球形工件也修整一遍；然后将其中的 2 个半球工件合在一起，观察对接的缝隙并进行相应的修整，直至对接的缝隙满足焊接的要求（见图 2-4-44）。 **注意事项**：修整过程中最好 2 个半球同时进行，要边修整边对接在一起，观察焊接缝并做相应的处理。
工序 7 球形耳钉 - 精修	**任务要求**：将焊接好的球形耳钉的表面进行一遍精修。 **任务制作**：将焊接好的球形耳钉固定在台塞上，使用带有平面的油光锉将耳钉的表面进行一遍精修，使耳钉满足打砂纸的要求（见图 2-4-45）。 **注意事项**：表面修整要全面、到位，不留死角。

图 2-4-44　球形耳钉 - 材料修整

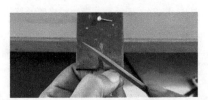
图 2-4-45　球形耳钉 - 精修

任务八　五角星胸针制作

工序 4 五角星胸针 - 修边 	**任务要求**：对锯下五角星的锯切面进行修整，将锯切面锉削成平面。 **任务制作**：将锯下的五角星固定在台塞上，使用整形锉中的刀锉或竹叶锉对五角星的 10 个小锯切面进行修整，将这 10 个锯切面锉削到所画的辅助线附近，并且使这些锯切面与铜板原平面垂直（见图 2-4-46）。 **注意事项**：由于五角星比较小，所以在固定工件时要注意操作技巧；一定要使锉削出的平面与铜板的原平面垂直。
工序 5 五角星胸针 - 精修及画 辅助线 	**任务要求**：将五角星的边缘精修到所画的辅助线，然后使用钢针和钢尺将五角星正面的辅助线画出来。 **任务制作**：将五角星固定在台塞上，使用油光锉中的竹叶锉将五角星的 10 个小侧面精修到所画的辅助线。 再使用钢针和钢尺，在五角星的正面，将过 5 个顶角和圆心的 5 条辅助线画出来（见图 2-4-47、图 2-4-48）。 **注意事项**：精修要修整到刚好看不到辅助线为止；画辅助线时尽量避免重复画线。
工序 7 五角星胸针 - 修槽	**任务要求**：将五角星的 5 个凹角的槽修整出来。 **任务制作**：将锯出槽的五角星固定在台塞上，使用三角形的整形锉沿着锯出来的槽的方向进行锉削，将五角星的 5 个凹角的槽修整出来（见图 2-4-49、图 2-4-50）。 **注意事项**：在锉削过程中工件一定要固定牢；修整出来的槽要满足正面不过圆心、侧面不过底面的条件。

任务八 五角星胸针制作

工序 8 五角星胸针 – 锉斜面 	**任务要求**：将五角星的 5 个角锉削成斜面。 **任务制作**：将修完槽的五角星固定在台塞上，使用红柄锉或其他带有平面的整形锉将五角星的 5 个角锉削成斜面（见图 2-4-51、图 2-4-52）。 **注意事项**：注意五角星在台塞上的固定技巧；所修整出来的斜面要求上部不过圆心、下部不过底面。
工序 10 五角星胸针 – 修角 	**任务要求**：按照立体五角星的形态，将五角星 5 个角上的 10 个小三角形平面修整出来。 **任务制作**：将五角星固定在台塞上，使用竹叶锉或刀锉修整五角星上的一个角，修整时以角正面上的中线、底面的边线及凹槽的中线为参照物，要将角上的一个菱形平面修整成 2 个小的三角形平面，锉削出该角的立体效果。使用同样的方法将其他 4 个角修整出立体效果（见图 2-4-53、图 2-4-54）。 **注意事项**：注意工件的固定技巧；每个角上所修整出来的 2 个小的三角形平面要以角正面上的中线、底面的边线及凹槽的中线为边缘，且不得超过边缘线；另外还要为后面的精修留一定的修整余量。
工序 11 五角星胸针 – 精修角 	**任务要求**：按照立体五角星的形态，将五角星 5 个角上的 10 个小三角形平面精修一遍。 **任务制作**：将五角星固定在台塞上，使用油光锉中的竹叶锉对五角星的 5 个角上的 10 个小三角形平面进行精修，使这 10 个小三角形平面的边缘线与角正面上的中线、底面的边线及凹槽的中线重合（见图 2-4-55）。 **注意事项**：精修时每一个小三角形的平面一定要修整到位，三角形的三个边要与角正面上的中线、底面的边线及凹槽的中线重合。
工序 12 五角星胸针 – 焊接材料准备 	**任务要求**：准备好五角星胸针的插棍材料。 **任务制作**：将准备好的铜线的一端使用油光锉锉平，让锉出的平面满足焊接的要求（见图 2-4-56）。 **注意事项**：铜线的长度要留适当的余量。
工序 15 五角星胸针 – 修整插棍 	**任务要求**：将五角星胸针的插棍修整好。 **任务制作**：确定插棍的长度后，先使用剪钳将插棍多余的部分剪掉，再使用油光锉中的竹叶锉或板锉将插棍的尖部修整出来，最后再使用剪钳在插棍上剪出几道防滑的痕迹（见图 2-4-57）。 **注意事项**：插棍的长度要合理。
工序 16 五角星胸针 – 再次精修 	**任务要求**：将五角星胸针整体精修一遍。 **任务制作**：将五角星胸针固定在台塞上，使用油光锉中的竹叶锉将胸针的表面整体精修一遍，使五角星胸针的表面达到打砂纸的要求（见图 2-4-58）。 **注意事项**：精修要全面、到位，不留死角。

图2-4-46 五角星胸针-修边

图2-4-47 五角星胸针-精修完成

图2-4-48 五角星胸针-画辅助线完成

图2-4-49 五角星胸针-修槽

图2-4-50 五角星胸针-修槽完成

图2-4-51 五角星胸针-锉斜面完成1

图2-4-52 五角星胸针-锉斜面完成2

图2-4-53 五角星胸针-修角

图2-4-54 五角星胸针-修角完成

图2-4-55 五角星胸针-精修角

图2-4-56 五角星胸针-焊接材料准备完成

图2-4-57 五角星胸针-修整插棍完成

图 2-4-58 五角星胸针 - 再次精修

任务九 奔驰标吊坠制作

工序 4 奔驰标吊坠 - 三叉星修边	**任务要求**：对锯下三叉星的锯切面进行修整，将锯切面锉削成平面。 **任务制作**：将锯下的三叉星固定在台塞上，使用整形锉中的刀锉或竹叶锉对三叉星的 6 个小锯切面进行修整，将这 6 个锯切面锉削到所画的辅助线附近，并且使这些锯切面与铜板原平面垂直（见图 2-4-59）。 **注意事项**：由于三叉星比较小，所以在固定工件时要注意操作技巧；要使锉削出的平面与铜板的原平面垂直。
工序 5 奔驰标吊坠 - 三叉星精修边	**任务要求**：将三叉星的边缘精修到所画的辅助线。 **任务制作**：将三叉星固定在台塞上，使用油光锉中的竹叶锉将三叉星的 6 个小侧面精修到所画的辅助线（见图 2-4-60）。 **注意事项**：精修要修整到刚好看不到辅助线为止。
工序 8 奔驰标吊坠 - 三叉星锉槽	**任务要求**：将三叉星正反面上的 6 个凹角的槽修整出来。 **任务制作**：将锯出槽的三叉星固定在台塞上，使用三角形的整形锉沿着锯出来的槽的方向进行锉削，将三叉星正反面上的 6 个凹角的槽修整出来（见图 2-4-61）。 **注意事项**：在锉削过程中工件要固定牢；修整出来的槽要满足正面不过圆心、侧面不过侧面中线的条件。
工序 9 奔驰标吊坠 - 三叉星锉斜面	**任务要求**：将三叉星正反面上的 6 个角锉削成斜面。 **任务制作**：将修完槽的三叉星固定在台塞上，使用红柄锉或其他带有平面的整形锉将三叉星正反面上的 6 个角锉削成斜面（见图 2-4-62、图 2-4-63）。 **注意事项**：注意三叉星在台塞上的固定技巧；所修整出来的斜面要求上部不过圆心、下部不过侧面中线。
工序 10 奔驰标吊坠 - 三叉星精修斜面	**任务要求**：将三叉星正反面上的 6 个角上的斜面精修一遍。 **任务制作**：将粗修完斜面的三叉星固定在台塞上，使用带有平面的油光锉将三叉星正反面上的 6 个角上的斜面精修一遍（见图 2-4-64）。 **注意事项**：精修要全面、到位，不留死角。

任务九　奔驰标吊坠制作

工序 12 奔驰标吊坠 – 三叉星修角、 补辅助线 	**任务要求**：按照双面立体三叉星的形态，将三叉星正反面上 6 个角上的 12 个小三角形平面修整出来。 **任务制作**：将三叉星固定在台塞上，使用竹叶锉或刀锉修整三叉星正面上的一个角，修整时以角正面上的中线、侧面中线及凹角的槽线为参照物，要将角上的一个菱形平面修整成 2 个小的三角形平面，锉削出该角的立体效果。使用同样的方法将正面上其他 2 个角及反面的 3 个角修整出立体效果。 为使锉削出来的 6 个角更加标准，需要在锉削过程中一边锉、一边补上角的中线作为辅助线（见图 2–4–65、图 2–4–66）。 **注意事项**：注意工件的固定技巧；每个角上所修整出来的 2 个小的三角形平面要以角正面上的中线、侧面的中线及凹槽的中线为边缘，且不得超过边缘线；另外还要为后面的精修留一定的修整余量。
工序 13 奔驰标吊坠 – 三叉星精修角 	**任务要求**：按照双面立体三叉星的形态，将三叉星上两面的 6 个角上已经修整出来的 12 个小三角形平面精修一遍。 **任务制作**：将三叉星固定在台塞上，使用油光锉中的竹叶锉对三叉星两面的 6 个角上的 12 个小三角形平面进行精修，使这 12 个小三角形平面的边缘线与角正面上的中线、侧面的中线及凹槽的中线重合（见图 2–4–67）。 **注意事项**：精修时，每一个小三角形的平面要修整到位，三角形的三个边要与角正面上的中线、侧面的中线及凹槽的中线重合。
工序 14 奔驰标吊坠 – 三叉星整体精修 	**任务要求**：对双面立体三叉星整体进行一次精修，使其形态更加立体、标准。 **任务制作**：将三叉星固定在台塞上，使用油光锉中的竹叶锉或板锉对三叉星两面的 6 个角上的 12 个小三角形平面再进行一次精修，修正之前工序中的一些瑕疵，使这 12 个小三角形平面的边缘线与角正面上的中线、侧面的中线及凹槽的中线重合的同时更加立体、标准（见图 2–4–68）。 **注意事项**：精修要全面、到位，不留死角。
工序 18 奔驰标吊坠 – 焊接准备 	**任务要求**：对吊坠外圈的内部及三叉星的 3 个角尖进行修整，使这两个工件摆放在一起满足焊接的要求。 **任务制作**：将焊接好的吊坠外圈固定在台塞上，使用半圆形或圆形油光锉对吊坠外圈的内部进行修整，同时也要适当地对三叉星的 3 个角尖进行修整，使两者摆放在一起能够满足焊接的要求（见图 2–4–69、图 2–4–70、图 2–4–71）。 **注意事项**：修整时要两个工件同时进行，边修整边对比，直至两者摆放在一起满足焊接的要求。
工序 20 奔驰标吊坠 – 精修	**任务要求**：将焊接完的奔驰标吊坠整体精修一遍。 **任务制作**：将焊接好的吊坠固定在台塞上，使用合适形状的油光锉将吊坠表面精修一遍，使吊坠满足打砂纸的要求（见图 2–4–72）。 **注意事项**：精修要全面、到位，不留死角。

图 2-4-59　奔驰标吊坠-三叉星修边

图 2-4-60　奔驰标吊坠-三叉星精修边

图 2-4-61　奔驰标吊坠-三叉星锉槽

图 2-4-62　奔驰标吊坠-三叉星锉斜面

图 2-4-63　奔驰标吊坠-三叉星锉斜面完成

图 2-4-64　奔驰标吊坠-三叉星精修斜面

图 2-4-65　奔驰标吊坠-三叉星修角

图 2-4-66　奔驰标吊坠-三叉星补辅助线

图 2-4-67　奔驰标吊坠-三叉星精修角完成

图 2-4-68　奔驰标吊坠-三叉星整体精修完成

图 2-4-69　奔驰标吊坠-焊接准备修外圈

图 2-4-70　奔驰标吊坠-焊接准备修角尖

图 2-4-71　奔驰标吊坠-焊接准备对比

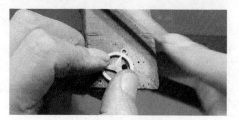

图 2-4-72　奔驰标吊坠-精修

任务十　字符吊坠制作

工序6 字符吊坠－ 准备圆柱 	**任务要求**：准备一段圆柱，并将圆柱的一端锉平，用于制作八卦的卦眼。 **任务制作**：将准备好的直径为3mm的铜线固定在台塞上，使用油光锉中的板锉或竹叶锉将其中的一端锉平，使锉削出的平面满足焊接的要求。然后再用线锯在铜线上锯下长度约为2mm的一小段备用（见图2-4-73、图2-4-74）。 **注意事项**：锯下来的小圆柱长度要控制在2mm左右。
工序9 字符吊坠－修整	**任务要求**：将焊接好的八卦图案进行修整，使图案更加精美。 **任务制作**：将焊接好的八卦图案固定在台塞上，使用带平面的油光锉对图案的所有部位进行一遍修整，使制作好的八卦图案更加精美（见图2-4-75）。 **注意事项**：修整时要注意观察图案的整体效果。
工序13 字符吊坠－ 整体精修	**任务要求**：将焊好扣的八卦图案字符吊坠整体精修一遍。 **任务制作**：将最终完成的字符吊坠固定在台塞上，使用合适形状的油光锉将吊坠整体精修一遍，使吊坠满足打砂纸的要求（见图2-4-76）。 **注意事项**：精修要全面、到位，不留死角。

图2-4-73　字符吊坠－锉圆柱

图2-4-74　字符吊坠－锯圆柱

图2-4-75　字符吊坠－修整完成

图2-4-76　字符吊坠－整体精修完成

任务十一　盒子制作

工序4 盒子－修料	**任务要求**：将锯下的用于制作盒子壁的片状材料的四边修整到所画的线。 **任务制作**：将盒子壁的材料固定在台塞上，使用红柄锉对材料的四边进行锉削，将材料修整到所画的边线为止（见图2-4-77）。 **注意事项**：修整时要为后期盒子的制作留余量。

任务十一 盒子制作

工序 6 盒子 - 锉槽	**任务要求**：使用锉刀在锯出的槽的位置锉出角度大概为85°、深度大概为0.6mm的"V"形槽。 **任务制作**：将盒子壁的材料固定在台塞上，先使用三角形的油光锉沿着上一道工序中锯出的槽进行锉削，修整出一个约为60°、深度约为0.6mm的"V"形槽；然后再使用方形的油光锉继续锉槽，直至锉出的槽达到任务要求为止（见图2-4-78）。 **注意事项**：锉槽时要注意控制锉刀锉削时的力度和方向；尽量使用锉刀的尖部，以提高锉削的效果；锉槽时要注意控制槽的深度，不要将铜片锉穿。
工序 11 盒子 - 修整 盒子顶	**任务要求**：将盒子顶的两个侧面修整平齐。 **任务制作**：将焊接好的盒子壁固定在台塞上，使用大板锉对盒子壁上2个侧面的顶部位置进行锉削，将两个侧壁的顶部修整平齐，以便进行盒子顶的焊接（见图2-4-79）。 **注意事项**：修整时要注意两个侧壁的高度要保持一致。
工序 13 盒子 - 盒子盖 焊接点修整	**任务要求**：与制好型的盒子顶进行对比，修整盒子2个侧壁的顶部，使2个工件摆在一起满足焊接要求。 **任务制作**：将盒子2个侧壁的顶部与制好型的盒子顶进行对比，然后使用带平面的油光锉对焊接缝隙进行修整，使2个工件对接在一起满足焊接的要求（见图2-4-80、图2-4-81）。 **注意事项**：修整时要边比对边修整；要进行全方位的比对，以避免焊接的缝隙不达标。
工序 20 盒子 - 修整 盒子	**任务要求**：对锯开的盒子进行修整，使盒子更加美观、大方。 **任务制作**：将锯开的盒子盖固定在台塞上，使用大板锉对盒子盖进行修整，将之前工序中留下的瑕疵锉削掉，使盒子盖更加美观。对盒子底进行同样的操作（见图2-4-82）。 **注意事项**：修整时一定要将瑕疵锉削干净；修整时要不时地将盒子盖和盒子底放在一起比对，以提高修整效果。
工序 24 盒子 - 修整 盒子缝隙	**任务要求**：将盒子盖与盒子底的缝隙修整平齐，使2个工件对接在一起组成的盒子整体更加美观。 **任务制作**：将锯开的盒子盖固定在台塞上，使用带平面的油光锉对盒子盖上的锯切面进行修整，将锯切面锉削平整；对盒子底进行同样的操作，使对接在一起的盒子整体更加美观（见图2-4-83、图2-4-84）。 **注意事项**：要边修整边比对盒子的整体效果。
工序 25 盒子 - 修整 合页焊接点	**任务要求**：在盒子底的一个面上修整出合页的焊接点。 **任务制作**：先使用游标卡尺在盒子底的上边缘画线，标注上焊接点的位置；再用线锯将焊接点处的盒子壁材料锯下来；然后与合页管料进行比对，并用油光锉对焊接点进行修整，使合页管料与焊接点对接在一起满足焊接的要求（见图2-4-85）。 **注意事项**：焊接点位置要根据合页管的直径来确定；锯切时要注意锯切的深度；要边修整边与合页管进行比对，以保证修整效果。

任务十一　盒子制作

工序 27 盒子 – 准备 盒子扣 	**任务要求：** 按照设计的图样制作盒子扣。 **任务制作：** 按照设计的图样，使用厚度为 0.5mm 的薄铜片，对铜片进行剪、锉等操作，将盒子扣制作出来（见图 2-4-86）。 **注意事项：** 制作盒子扣前要画图；由于铜片比较薄，所以在进行剪、锉等操作时要小心进行。
工序 32 盒子 – 精修 合页 	**任务要求：** 按照"上二、下三"的设计，制作出盒子的合页。 **任务制作：** 按照"上二、下三"的设计，使用游标卡尺在焊接好的 2 段合页管上的合适位置画线，然后用线锯将画线位置的合页管锯穿，再使用尖头钳将多余的合页管钳掉，最后使用油光锉中的竹叶锉对"上二、下三"的合页管进行精修，使盒子的两半能完美地对接在一起（见图 2-4-87、图 2-4-88）。 **注意事项：** 画线及锯切的位置要精确；修整时要慢，要边修整边比对，以使盒子的两半能够完美对接。
工序 39 盒子 – 整体精修	**任务要求：** 对盒子整体进行一遍精修。 **任务制作：** 使用油光锉中的板锉或竹叶锉对制作完成的盒子整体进行一遍精修，使盒子达到打砂纸的要求（见图 2-4-89、图 2-4-90）。 **注意事项：** 精修要全面、到位，不留死角。

图 2-4-77　盒子 – 修料完成

图 2-4-78　盒子 – 锉槽完成

图 2-4-79　盒子 – 修整盒子顶

图 2-4-80　盒子 – 盒子盖焊接点修整

图 2-4-81　盒子 – 比对盒子盖焊接点

图 2-4-82　盒子 – 修整盒子

图 2-4-83 盒子 - 修整盒子缝隙完成 1

图 2-4-84 盒子 - 修整盒子缝隙完成 2

图 2-4-85 盒子 - 修整合页焊接点

图 2-4-86 盒子 - 准备盒子扣

图 2-4-87 盒子 - 精修合页完成 1

图 2-4-88 盒子 - 精修合页完成 2

图 2-4-89 盒子 - 整体精修盒子盖

图 2-4-90 盒子 - 整体精修盒子底

任务十二 弧面戒指制作

工序 3
弧面戒指 -
戒圈材料
焊点修整

任务要求：对戒圈材料的两端进行锉削处理，使对接面满足焊接的要求。

任务制作：将戒圈材料固定在台塞上，先用红柄锉对材料两端进行锉削处理，再用带有平面的油光锉对材料两端进行精修，使材料的两端对接在一起能满足焊接的要求（见图 2-4-91）。

注意事项：修整出来的新平面要与半圆形材料上的平面垂直。

图 2-4-91 弧面戒指 - 戒圈材料
焊点修整

任务十二　弧面戒指制作

工序 8 弧面戒指 – 戒指粗修 	**任务要求：** 用红柄锉将弧面戒指进行一遍粗修。 **任务制作：** 用红柄锉对戒指的表面进行锉削处理，去除焊接点的瑕疵，使戒指的整体形态更加美观（见图2-4-92）。 **注意事项：** 修整内、外弧面时需要注意运锉的技巧。
工序 9 弧面戒指 – 戒指精修 	**任务要求：** 用合适形状的油光锉对粗修完的戒指进行一遍精修。 **任务制作：** 用带平面的油光锉精修戒指的外弧面和侧面，使用半圆形或圆形的油光锉精修戒指的内弧面，使弧面戒指满足打砂纸的要求（见图2-4-93）。 **注意事项：** 修整内、外弧面时需要注意运锉的技巧；精修要全面、到位，不留死角。

图2-4-92　弧面戒指 – 戒指粗修

图2-4-93　弧面戒指 – 戒指精修

任务十三　编织戒指制作

工序 14 编织戒指 – 戒指粗修 	**任务要求：** 用红柄锉将编织戒指进行一遍粗修。 **任务制作：** 用红柄锉对编织戒指的表面进行锉削处理，去除焊接点的瑕疵，使戒指的整体形态更加美观（见图2-4-94）。 **注意事项：** 修整内、外弧面时需要注意运锉的技巧。

图2-4-94　编织戒指 – 戒指粗修

工序 15 编织戒指 – 戒指精修 	**任务要求：** 用合适形状的油光锉对粗修完的戒指进行一遍精修。 **任务制作：** 用带平面的油光锉精修戒指的外弧面和侧面，使用半圆形或圆形的油光锉精修戒指的内弧面，使编织戒指满足打砂纸的要求（见图2-4-95）。 **注意事项：** 修整内、外弧面时需要注意运锉的技巧；精修要全面、到位，不留死角。

图2-4-95　编织戒指 – 戒指精修

任务十四　掐丝戒指制作

工序 9 掐丝戒指 – 戒圈 修整、精修 	**任务要求**：先用红柄锉将焊接好的戒圈的外弧面和侧面进行一遍粗修，去除焊接点附近的瑕疵；再用合适形状的油光锉对粗修完的戒圈的外弧面和侧面进行一遍精修。 **任务制作**：先用红柄锉将焊接好的戒圈的外弧面和侧面进行一遍粗修，去除焊接点附近的瑕疵；再用带平面的油光锉精修戒圈的外弧面和侧面，使戒圈的外弧面能满足打砂纸的要求（见图2 – 4 – 96）。 **注意事项**：修整内、外弧面时需要注意运锉的技巧；精修要全面、到位，不留死角。
工序 16 掐丝戒指 – 戒 指圈粗修	**任务要求**：用红柄锉将焊接好的戒指圈进行一遍粗修。 **任务制作**：用红柄锉对焊接好的戒指圈的表面进行锉削处理，去除焊接点的瑕疵，使戒指圈的整体形态更加美观（见图2 – 4 – 97）。 **注意事项**：修整内、外弧面时需要注意运锉的技巧；修整侧壁时需小心进行。
工序 17 掐丝戒指 – 戒 指圈精修	**任务要求**：用合适形状的油光锉对粗修完的戒指进行一遍精修。 **任务制作**：用带平面的油光锉精修戒指圈的外弧面和侧面，用半圆形或圆形的油光锉精修戒指的内弧面，使戒指圈满足打砂纸的要求（见图2 – 4 – 98）。 **注意事项**：修整内、外弧面时需要注意运锉的技巧；精修要全面、到位，不留死角。
工序 21 掐丝戒指 – 整体精修	**任务要求**：用合适形状的油光锉对粗修完的戒指进行一遍精修。 **任务制作**：用带平面的油光锉精修戒指的外弧面和侧面，用半圆形或圆形的油光锉精修戒指的内弧面，使掐丝戒指满足打砂纸的要求（见图2 – 4 – 99）。 **注意事项**：修整内、外弧面时需要注意运锉的技巧；精修要全面、到位，不留死角。

图2 – 4 – 96　掐丝戒指 – 戒圈修整、精修

图2 – 4 – 97　掐丝戒指 – 戒指圈粗修

图2 – 4 – 98　掐丝戒指 – 戒指圈精修

图2 – 4 – 99　掐丝戒指 – 整体精修

任务十五　编织手镯制作

工序12 编织手镯 – 手镯粗修 	**任务要求**：对手镯的垫层进行一遍粗修。 **任务制作**：用大板锉或红柄锉对手镯的垫层进行锉削处理，去除垫层上在焊接过程中留下的瑕疵（见图2-4-100）。 **注意事项**：要将瑕疵完全去除。
工序13 编织手镯 – 手镯精修 	**任务要求**：对手镯的垫层进行一遍精修。 **任务制作**：用带平面的油光锉对手镯的垫层进行一遍精修，使手镯的垫层满足打砂纸的要求（见图2-4-101）。 **注意事项**：精修要全面、到位，不留死角。

图2-4-100　编织手镯 – 手镯粗修　　　　　图2-4-101　编织手镯 – 手镯精修

任务十六　麻花手镯制作

工序8 麻花手镯 – 手镯粗修	**任务要求**：对麻花手镯两端的焊接区域进行一遍粗修。 **任务制作**：用大板锉或红柄锉对麻花手镯两端的焊接区域进行锉削处理，去除焊接时留下的瑕疵（见图2-4-102）。 **注意事项**：焊接区域的修整需要与整个手镯相匹配。
工序9 麻花手镯 – 手镯精修	**任务要求**：对粗修的麻花手镯的两端精修一遍。 **任务制作**：用带有平面的油光锉对麻花手镯的两端进行一遍精修，使手镯能够满足打砂纸的要求（见图2-4-103）。 **注意事项**：精修要全面、到位，不留死角。

图2-4-102　麻花手镯 – 手镯粗修　　　　　图2-4-103　麻花手镯 – 手镯精修

任务十七 单套侧身链制作

工序 7
单套侧身链 – 手链修整

任务要求：对单套侧身链各链颗的焊接点进行修整。

任务制作：用半圆形的油光锉对单套侧身链所有链颗上的焊接点进行修整，去除焊接时留下的瑕疵（见图 2-4-104）。

注意事项：修整链颗上不同部位时需要使用半圆锉的不同锉面。

工序 14
单套侧身链 – W 扣修整

任务要求：对单套侧身链的 W 扣的两端进行修整。

任务制作：用油光锉中的板锉对单套侧身链的 W 扣的两端进行相应的锉削处理，使 W 扣的两端更加圆滑（见图 2-4-105）。

注意事项：修整时需要注意运锉技巧。

图 2-4-104　单套侧身链 – 手链修整

图 2-4-105　单套侧身链 – W 扣修整

任务十八 马鞭链制作

工序 13
马鞭链 – 修链扣卡扣

任务要求：将马鞭链链扣的卡扣修整成标准的"回"字形。

任务制作：用油光锉中较小的竹叶锉对马鞭链链扣的卡扣内部进行锉削，将卡扣的内部修整成标准的长方形，然后再对卡扣的外部进行修整，使卡扣的整体形态成为一个标准的"回"字形（见图 2-4-106）。

注意事项：修整卡扣的内部时只能使用竹叶锉的锉尖。

工序 16
马鞭链 – 修整链扣焊接点

任务要求：对马鞭链链扣的焊接点进行修整，使之满足焊接的要求。

任务制作：用油光锉中的板锉对马鞭链链扣的焊接点进行锉削处理，精修出 4 个小平面，以满足链扣的焊接要求（见图 2-4-107）。

注意事项：修整时需注意焊接面要与马鞭链上的平面垂直。

工序 18
马鞭链 – 链扣整体精修

任务要求：对焊接好的链扣整体进行一遍精修。

任务制作：用带有平面的油光锉对焊接好的马鞭链的链扣区域进行一遍精修，使之满足打砂纸的要求（见图 2-4-108）。

注意事项：精修要全面、到位，不留死角。

图 2-4-106　马鞭链-修链扣卡扣

图 2-4-107　马鞭链-修整链扣焊接点

图 2-4-108　马鞭链-链扣整体精修

任务十九　肖邦链制作

工序 11 肖邦链-链扣材料锉槽	**任务要求**：在肖邦链的链扣材料上锉削出 3 个完整的 V 型槽。 **任务制作**：操作方法与盒子锉槽相同。先用线锯锯槽，然后再用三角形油光锉沿锯出的线进行锉削，直至锉出 3 条角度大概为 85°、深度接近材料厚度的四分之三且深度相同的槽为止（见图 2-4-109）。 **注意事项**：锉槽时需控制好运锉的方向和力度。
工序 12 肖邦链-链扣材料修整	**任务要求**：将链扣材料的边缘进行修整，并在材料的 2 个边上各锉出一个斜面。 **任务制作**：先对材料的边缘进行修整，然后再将材料的两边锉出角度接近 45°的斜面（见图 2-4-110）。 **注意事项**：锉削出的 2 个斜面的边缘应与 V 型槽平行。
工序 16 肖邦链-链扣筒整体修整	**任务要求**：将焊接好的链扣筒整体进行一遍修整。 **任务制作**：先用大板锉或红柄锉将链扣筒的表面进行一遍修整，去除焊接时在工件表面留下的瑕疵；再用带平面的油光锉将工件表面精修一遍（见图 2-4-111）。 **注意事项**：修整时需注意链扣筒整体的形态。
工序 18 肖邦链-链扣修整	**任务要求**：对锯开的 2 段链扣进行相应的修整。 **任务制作**：先用大板锉或红柄锉对锯开的 2 段链扣进行相应的修整，再用带有平面的油光锉对 2 段链扣进行一遍精修；然后采用先用线锯锯、再用带平面的油光锉修的方式，将链扣的卡扣的上边缘修整出一个 L 型的缺口（见图 2-4-112）。 **注意事项**：修整时要边锉削边比对。
工序 24 肖邦链-链扣卡扣修整	**任务要求**：与链扣的另一半相比对，按照设计的图样对链扣的卡扣进行相应的修整。 **任务制作**：与链扣的另一半相比对，先用大板锉或红柄锉将链扣的卡扣的 2 个小爪锉削到合适的长度，再用带平面的油光锉将链扣的卡扣精修一遍（见图 2-4-113）。 **注意事项**：锉削时需边修整边与卡扣的另一半比对。

任务十九　肖邦链制作

工序 26 肖邦链－链扣 细节修整	**任务要求：** 对制作好的链扣的细节进行修整。 **任务制作：** 用带平面的油光锉将 2 段链扣与肖邦链相接的区域的边修整圆滑，并对 2 段链扣上的其 他细节进行相应的修整，使链扣更加美观（见图 2-4-114）。 **注意事项：** 精修要全面、到位，以提高链扣的整体效果。
工序 30 肖邦链－链扣 整体精修	**任务要求：** 对焊接好的肖邦链的链扣部分进行一遍整体的精修。 **任务制作：** 用带平面的油光锉将焊接好的肖邦链的 2 段链扣部分的表面进行一遍整体的精修，使链扣 部分的表面达到打砂纸的要求（见图 2-4-115）。 **注意事项：** 精修要全面、到位，不留死角。

图 2-4-109　肖邦链－链扣材料锉槽

图 2-4-110　肖邦链－链扣材料修整

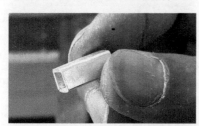

图 2-4-111　肖邦链－链扣筒整体修整

图 2-4-112　肖邦链－链扣修整

图 2-4-113　肖邦链－链扣卡扣修整

图 2-4-114　肖邦链－链扣细节修整

图 2-4-115　肖邦链－链扣整体精修

任务二十　球形耳坠制作

工序 4 球形耳坠 – 修整半球 	**任务要求**：修整4个半球的边缘。 **任务制作**：先用大板锉或红柄锉对4个半球的边缘进行锉削处理，当2个半球对接在一起接近圆球时，再用带平面的油光锉修整半球的边缘，使2个半球对接在一起能成为一个标准的球体（见图2-4-116）。 **注意事项**：修整时需要边锉削边测量。	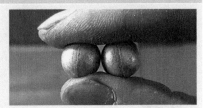 图2-4-116　球形耳坠 – 修整半球

任务二十一　篮球吊坠制作

工序 4 篮球吊坠 – 修整半球 	**任务要求**：修整2个半球的边缘。 **任务制作**：先用大板锉或红柄锉对2个半球的边缘进行锉削处理，当2个半球对接在一起接近圆球时，再用带平面的油光锉修整半球的边缘，使2个半球对接在一起能成为一个标准的球体（见图2-4-117）。 **注意事项**：修整时需要边锉削边测量。
工序 7 篮球吊坠 – 修整小球	**任务要求**：修整焊接好的小球，去除球体上在焊接时留下的瑕疵。 **任务制作**：用大板锉或红柄锉对焊接好的球体表面进行锉削处理，去除球体上在焊接时留下的瑕疵，为后面的打砂纸奠定基础（见图2-4-118）。 **注意事项**：修整时需注意运锉技巧。
工序 11 篮球吊坠 – 修整 球体上的线条	**任务要求**：按照篮球的式样，在球体上锉出相应的线条。 **任务制作**：用三角形的油光锉，在球体上沿着所画的线条进行锉削，将篮球的图样锉出来（见图2-4-119）。 **注意事项**：锉削出线条的宽度、深度要一致。

图2-4-117　篮球吊坠 – 修整半球

图2-4-118　篮球吊坠 – 修整小球

图2-4-119　篮球吊坠 – 修整球体上的线条

任务二十二 如意算盘制作

工序 10 如意算盘 – 制作 算盘框、梁 （初步修整）	**任务要求**：对用于制作算盘框架的材料进行初步的修整。 **任务制作**：用大板锉对用于制作算盘框架的材料进行初步的修整，使材料的宽度大致相等（见图 2-4-120）。 **注意事项**：初步修整只需修整材料的宽度即可。
工序 13 如意算盘 – 制作 算盘框、梁 （再次修整）	**任务要求**：对用于制作算盘框架的材料进行再次修整。 **任务制作**：将焊接为一体的用于制作算盘框架的材料进行相应的锉削处理，使材料的长度、宽度满足设计的要求（见图 2-4-121）。 **注意事项**：材料的长度、宽度的修整需要留有一定的余量。
工序 21 如意算盘 – 制作 算盘框、梁 （焊接前修整）	**任务要求**：对用于制作算盘框架的银片的焊接区域进行修整。 **任务制作**：用带平面的油光锉对算盘横框上面积最小的侧面进行修整，对算盘竖框上的最大的平面进行修整，使这些修整出来的平面对接起来能满足焊接的要求（图 2-4-122）。 **注意事项**：精修完的焊接面对接在一起能组成一个形态标准的算盘框架。
工序 25 如意算盘 – 制作 算盘框、梁 （整体粗修）	**任务要求**：将焊接好的算盘框、梁的表面进行一遍粗略的修整，使算盘的框架形态标准。 **任务制作**：用大板锉或红柄锉将焊接好的算盘的框架进行一遍粗修，使算盘框架的整体形态更加标准（见图 2-4-123）。 **注意事项**：修整算盘框架的侧面时，需上、中、下三个框一起修整。
工序 26 如意算盘 – 制作 算盘框、梁 （整体精修）	**任务要求**：将粗修后的算盘框、梁精修一遍。 **任务制作**：用带平面的油光锉将粗修过的算盘框架的表面进行一遍精修（见图 2-4-124）。 **注意事项**：精修要全面、到位，不留死角。
工序 28 如意算盘 – 制作、修整瓜子扣	**任务要求**：制作一枚瓜子扣。 **任务制作**：按照设计式样，在薄银片上画出瓜子扣的展开图，用铁皮剪刀将图样裁剪下来，再用合适的机针及钳子将瓜子扣制成型，最后用带平面的油光锉对瓜子扣的表面进行修整，使瓜子扣更加美观（见图 2-4-125）。 **注意事项**：修整要全面、到位，不留死角。

任务二十二　如意算盘制作

工序 32 如意算盘－整体 精修算盘框、梁 [二维码]	任务要求：对算盘的框和梁进行一遍整体的精修。 任务制作：用带平面的油光锉，将算盘框架的所有表面进行一遍精修，使算盘的框和梁的表面满足打砂纸的要求（见图2-4-126）。 注意事项：精修要全面、到位，不留死角。
工序 38 如意算盘－精修 算盘顶框、底框 [二维码]	任务要求：精修算盘的顶框和底框。 任务制作：用带平面的油光锉，将算盘的顶框和底框精修一遍，去除算盘档的痕迹，使这2个位置满足打砂纸的要求（见图2-4-127）。 注意事项：精修要全面、到位，不留死角。

图2-4-120　如意算盘－制作算盘框、梁（初步修整）

图2-4-121　如意算盘－制作算盘框、梁（再次修整）

图2-4-122　如意算盘－制作算盘框、梁（焊接前修整）

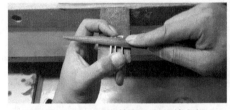

图2-4-123　如意算盘－制作算盘框、梁（整体粗修）

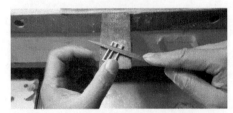

图2-4-124　如意算盘－制作算盘框、梁（整体精修）

图2-4-125　如意算盘－制作、修整瓜子扣

图2-4-126　如意算盘－整体精修算盘框、梁

图2-4-127　如意算盘－精修算盘顶框、底框

练习五　火枪的使用 →

焊接工具介绍

一、 常用工具及使用方法

1. 常用工具介绍

（1）汽油焊枪　首饰加工行业中焊接工具有许多种，如汽油焊枪（见图2-5-1）、煤气焊枪（见图2-5-2）、氢氧焊枪（见图2-5-3）等。其中汽油焊枪是首饰制作行业中常用的焊接工具。它是由火枪、皮老虎、油壶及连接皮管组成。

图2-5-1　汽油焊枪

图2-5-2　煤气焊枪

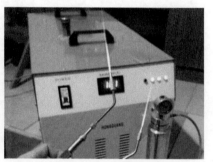

图2-5-3　氢氧焊枪

（2）隔热瓦　首饰焊接中必须要使用隔热瓦。隔热瓦一般采用石棉板（见图2-5-4），它是由石棉材料制成的板材，是耐高温的焊接垫板。没有石棉瓦的话，也可以使用红砖或青砖来代替。

（3）镊子、反弹夹及剪钳　在首饰制作过程中，一般使用钢制的镊子（见图2-5-5）来夹持工件和焊药进行焊接操作，使用反弹夹、鸭嘴夹（见图2-5-6）等工具来固定工件以方便焊接操作，使用平口的剪钳或铁皮剪刀（见图2-5-7）来剪焊药。

（4）小瓷碟、明矾杯等其他辅助工具　首饰焊接中一般会使用硼砂（见图2-5-8）作为助焊剂，一般会使用小瓷碟（见图2-5-9）来专门盛放粉末状的硼砂。工件在焊接结束的时候，一般需要使用煲明矾水的方式来去除焊接点附近残留的硼砂。明矾杯（见图2-5-10）是用来煲明矾水的工具，明矾杯一般有大、中、小三个规格。

另外在焊接过程中一般还需要使用打火机、细毛笔等辅助工具。

图2-5-4　石棉板

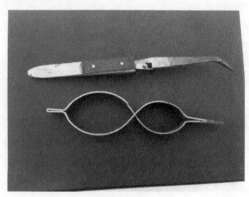

图2-5-5　镊子

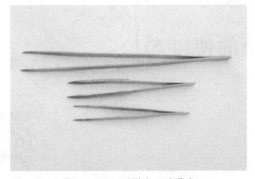

图2-5-6　反弹夹、鸭嘴夹

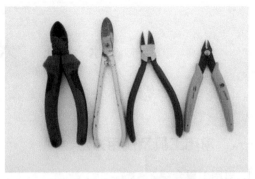

图2-5-7　剪钳、铁皮剪刀

图2-5-8　硼砂

图2-5-9　小瓷碟

图2-5-10　明矾杯

2. 工具的使用方法

首饰行业生产用的汽油、乙炔都是燃料，它们的火焰温度不足以把黄金、白银熔化，因此要加入辅助气体（如氧气、压缩空气）后才能使汽油、乙炔火焰具有较高的温度。

焊具组合
的使用方法

压缩空气除通过空气压缩机生产压缩空气外，传统的做法是用皮老虎鼓气代替空气压缩机产生压缩空气。

皮老虎是由一个出管、一个吸气孔、一个风球，经过两半挤压的原理产生压缩空气，然后通过输气管，将压缩空气直接输入到汽油壶内，通过汽油壶的输出管道将空气输送到焊枪中的。

汽油、煤气和乙炔等燃料都可以与皮老虎配合使用，使焊枪的火焰温度升高而达到回火加热和焊接的目的。汽油是通过皮老虎鼓气后在油壶中形成汽油气，然后又通过气管输送到焊枪的。皮老虎的使用技巧主要是靠脚踩并配合手上的焊枪，因此在使用过程中要协调一致，如果用气量小，而脚下却加大力度踩踏，很容易将风球踩爆，或者把焊枪的火吹灭。脚踩皮老虎的动作要有节奏，慢慢踩，因为风球内有一定量的气体储存，可以保证有连续不断的压缩空气输入，保证焊枪的燃烧。

二、基本操作示例

点面焊接法

1. 点与面的焊接

一个摆件、一件器皿有许多的接缝口，需要一点一线地进行连贯式焊接，才能完成其制作工艺。当两块较大平面的工件进行对口焊接时，应把工件水平地放在耐火砖上，也可以用台式双臂焊夹把工件夹住，用毛笔蘸上硼砂在焊缝上细致地涂抹，以便焊接时让溶剂流畅。这时，可把焊枪火调节到粗火状态对工件进行加温预热，一旦焊缝里的硼砂呈透明黏糊状时，用钳子把焊药在焊面的两端各放置一块，这时候可用粗火对工件进行高温预热，适时把火调节到聚火状态，用聚火对准焊药。

由于火势增猛，温度骤然升高，在缝口上的焊药块顷刻熔化。接着将枪头调至另一端对准焊药使它熔化。将焊枪的火势迅速调至散火状态，使工件退火保温直至冷却而凝结。如果工件因放置时没有很好地保持水平状，焊缝肯定会有问题，这时必须耐心地用粗火预热，待焊药熔化湿润时轻轻地拆开，待工件冷却后稍作修理，然后重新进行点的焊接。千万不要拿起马掌锤在铁砧上对工件进行锤打整平，这样只会损坏工件的内部结构而达不到整平的目的。

如果焊接的工件面积很大，其焊缝线也相应较长，在这种情形下，无论是点的焊接还是线的焊接，为了使焊缝的根部焊实、焊透，就要尽可能地增强工件背面的受火。此时整个物件最好是悬空放置，同时，在工件焊缝的前面放置一块耐火砖，凭借焊枪喷射出的火势所产生的回火，使其背面保持一定的高温，让焊药充分地润湿，流尽流畅。

2. 线与面的焊接

点的焊接完成后，检查工件整个接口是否平整，上下左右有无错位。如果没有问题，就可以进入下一道工序，进行线的焊接。首先在要焊接的缝口上用蘸有硼砂的毛笔细细地 线面焊接法
涂抹，然后平放在耐火砖上。这时放置工件仍要小心细致，因为这时的工件虽然已被焊接，但其焊缝只是两个点，整体上很脆弱，稍有不留意，就有可能因断裂而前功尽弃，因此一定要细心地轻放。这时，可用粗火对工件进行大面积预热，在硼砂液熔化呈透明的黏糊状时，在焊缝处均匀地放置焊药，用聚火向焊缝处喷射，焊药在高温下很快进入熔点。这时候，手持焊枪向还未熔化的焊药作直线移动，速度要慢，以便让焊药流畅。在聚火经过之处，焊药会很快被熔化湿润而流入工件焊缝，直至最后一块焊药流尽。此时可把气阀关闭，用散火退火保温，直到焊药冷却凝结为止。

3. 面与面的组合焊接

从线的焊接过程可以看出，线的焊接实际上是由两个点或者两个以上的点之间的焊接过程。它是焊接的基本技术。无论怎样复杂的面与面焊接，归根结底还是点与线的焊接。

面面焊接法

三、 相关知识拓展

1. 其他焊接工具

在贵金属首饰的生产过程中，焊接是一个必不可少的工艺环节。焊接工艺要运用各种焊接方式和各种不同型号的焊接工具、焊接设备及焊接用燃料。不同的生产企业所使用的工具、设备和燃料各不相同，有些南方沿海城市的企业和个体加工企业，一般用皮老虎和小型油壶配合各种规格的焊枪进行焊接；有些省会城市的企业和大型企业则采用管道液化气搭配焊枪进行焊接，如上海、北京的一些首饰加工企业都采用管道煤气加压缩空气的方式进行焊接。

有些产品要根据所用材料采用不同的焊接设备，如铂金首饰，由于其熔点高，用汽油和煤气很难将其熔化，所以要用温度较高的工具和设备来进行焊接，一般采用水焊和乙炔枪焊接。

（1）焊枪的结构和使用方法 焊枪一般有双管和单管两种形式，从表面颜色上可分为黄色和白色，从输气结构上可分为双管焊枪和单管焊枪，从使用气体上可分为汽油焊枪和氧气焊枪。

1）汽油焊枪。汽油焊枪主要由进气管、阀门和枪嘴几个部分组成。使用汽油焊枪时，选用与焊枪管匹配的、质地较柔软的橡胶管和三通接头。焊枪使用方法如下：

①先将橡胶管套在焊枪的入气管口上，双管焊枪应将两段橡胶分别套在焊枪的主进气管和分气管上，然后再接通三通接头；②将气管接到汽油壶的出气口上，双管焊枪应再用一段软质橡胶管由三通接头的后端接出，再与汽油壶连接；③调节火焰的大小和粗细。如果所焊的产品工件较小时（如环扣），则可以把进气气压调小，把枪嘴火焰调细，先将环口两侧预热烧红，然后再正对环口集中烧焊，当环口的温度达到黄金熔点的一瞬间晃动焊枪，这时环口就会熔焊，这种焊接方法可以不

使用辅助焊料——焊粉和焊片，通常叫作"走水"。如果产品的焊接面较大，则要把进气气压调大，枪嘴火焰调成散状，先将整个产品预热烧红，然后再重点对准焊口加焊料焊接；④根据工件的过火面积和加工方式来选择适当的焊枪。如果是对大件产品进行回火，就可以选择较大的双管焊枪，这样可以增加进气量以提高加热速度；对于一般的中小型产品则用普通焊枪；如果是焊接产品的较小部位（如焊接手镯及浇铸项链的焊口），则可以选用型号较小的单管焊枪，这种焊枪火焰的外焰温度较高，可以提高焊接速度。

2）氧气焊枪。在沿海城市的一些个体首饰生产企业，浇铸或熔化较大体积的金银材料时均使用氧气焊枪。

氧气焊枪主要由氧气进气管、煤气进气管、氧气阀门、煤气阀门以及混合气阀门等几部分组成。

氧气焊枪一般用于大面积加热，如整块板材的分割。因为氧气焊枪温度高、升温快，可以提高大件产品的生产速度；在一般大件产品的组装和焊接上也要使用氧气焊枪，如有些大型素银摆件和花丝摆件的焊接，可以用氧气焊枪调整好氧气与煤气的进气量，用散火，也可以用猛火、细火集中焊点焊接。

氧气焊枪的火焰温度较高（2000~3000℃），因此焊枪的火头不能长时间停留在一个点上（以免烧坏产品），而要不停地来回晃动，保持整个工件均匀受热以达到热平衡，然后稍微向焊点集中一下火力就可以完成焊接。

不管是用汽油焊枪还是用氧气焊枪，都要根据产品特点、焊接产品受热面积的大小、焊料的类型和焊点的位置等实际情况来选用，这样才能真正做到适材选用，从而达到提高生产效率和产品质量的目的。

（2）管道煤气和空气压缩机的使用方法 管道煤气和空气压缩机在首饰行业的运用使首饰生产效率有了较大的提高。过去的传统焊接和熔料都是由工艺匠人用吹管对着灯的火焰吹气，通过对火苗加压来焊接或熔化金银材料，后来使用皮老虎、电老虎，一直到管道煤气和压缩空气的运用。

管道煤气和压缩空气通过两根管道输送到焊枪上，焊枪上有煤气和压缩空气两个进气管，通过压缩空气对煤气加压后的混合气使火焰温度上升，从而达到焊接和熔化的目的。上海的一些首饰企业就在生产过程中大量运用管道煤气和压缩空气；有的企业则是把压缩空气和汽油结合在一起使用。压缩空气代替了传统的皮老虎鼓气，使生产环境得到大大改善，也降低了操作工人的体力消耗，使用管道煤气和压缩空气也方便了操作，提高了工作效率。

管道煤气和压缩空气从主管道上分出后进入各车间和班组，进入各车间时有总阀和分阀，然后再利用三通管逐级分到各个班组，各个班组也可使用一个主管道，然后再在各生产员工附近的位置上打孔，焊上分气管和分气头，再把每个员工位置上的焊枪用三通接头连接，将煤气和压缩空气接入焊枪。使用时要先打开煤气开关，然后根据加热产品工件受热面积和焊点面积调整压缩空气的进气量。每个工作台出来的煤气和压缩空气有一个开关阀门，以便于操作工人对煤气和压缩空气的控制。

（3）注意事项

1）汽油燃料及汽油焊枪使用。由于汽油是易燃物品，当把汽油储存在焊枪的汽油壶时则又是易爆物品，因此在汽油的使用过程中要特别注意安全。首先，储存汽油的油壶要远离明火火源，并放在通风的地方；其次，与焊枪连接的汽罐，汽油的加油量要根据要求加入，不得超过安全线位，否则在通压缩空气时，汽油没有汽化便会直接从焊枪嘴中喷出，因而容易发生火灾，给操作者和周围人员的生命财产造成很大威胁；第三，连接在焊枪上的油壶在使用过程中不得倒地或用焊枪烧或放在电炉上烤，也不得随意摇动油壶。有些操作人员为了少走几步路或节省一点汽油，当油壶内的油量不多时，用焊枪在油壶的外面加热，或者把油壶放在电炉上加热，或者用手摇动油壶使其有较大的火焰而继续使用。这是最危险的违规操作，因为对油壶加热，会使油壶内的汽油气迅速膨胀，气压加大，从而导致壶内的汽油直接压迫到输气管内从焊枪口喷出，形成较大的"火龙"而发生火灾。如果压力太大，则会将油壶内的巨大气压引爆而形成爆炸性火灾，有的则可以把油壶的底盖冲掉而形成一个有较大冲击力的飞旋物，对周围的操作人员形成威胁，因此在汽油的使用过程中一定要注意安全，严格按照操作规程操作。

使用焊枪时不得将焊枪喷嘴对准自己或别人，因为有时焊枪燃烧时，由于气压小或者在强烈的光线下看不清或者看不到明火，有的操作人员会以为焊枪没有点燃，为了检测是否有气，便会对着自己的脸或耳朵来试，这也是违规操作，如果焊枪在燃烧就会对自己的人身安全造成威胁。为了检测焊枪是否有气，可以盛一碗水放在自己面前，把焊枪喷嘴对准水面，就可以看出焊枪是否有气，而决不能用焊枪对准自己或别人的某一部位进行检测。

2）煤气管道使用注意事项　由于煤气在首饰生产企业中使用较广泛，车间内部的管道路线也较多、较长，使用时更要注意安全。首先，管道的安装和接通要保证密封，不准有丝毫的煤气泄漏。煤气一旦泄漏，一方面会使操作人员煤气中毒；另一方面如果遇到明火可使煤气燃烧，引起爆炸。如果煤气引起火灾和爆炸，其后果要比汽油焊枪的后果严重得多，危害将是巨大的，损失也是不可弥补的。其次，使用时要随用随开，及时关闭。开关位置的设置要合理，至少应保证从主管接通时要有分开关，通向各车间前要有总开关，各车间通向每个班组时要有分开关和总开关的控制，各班组通向每个操作员工时至少要保证每个操作员工有一个自己控制的开关，以便出现问题或者安全隐患时可以分段控制和补救，不会造成大的损失。第三，严格按照操作规程操作，对上岗人员要进行安全教育和培训，培训合格后才能上岗操作。第四，正确安装、使用煤气和氧气的开关及管道，因为煤气一般都是与氧气配合使用的，使用时先打开煤气开关（焊枪上的），将焊枪点燃后，再根据使用的情况打开焊枪上面的氧气阀门，用后应先关闭氧气阀门，然后再关闭煤气阀门。关闭焊枪的煤气阀门前，应先将主焊枪中残留的煤气烧完，决不可先关焊枪的煤气阀门，这样会导致回火，使明火进入输气管道而引起管道爆炸。

2. 焊接用火

当焊枪被点燃的时候，可以对不同气阀进行调节。焊枪嘴（俗称火嘴）喷出的火有多种形态，较为典型的火的形态为聚火、粗火、细火和散火。

（1）聚火　聚火（俗称毒火）是指焊枪嘴喷出的火焰凶猛激烈，常常伴随着刺耳的尖叫声。其操作要领是用足压缩空气或氧气进行助燃，使火焰即刻达到最高温度，促使焊缝接口处的钎料熔化，迅速与母材料融为一体，从而达到焊接的目的。

（2）粗火　粗火是指焊枪嘴喷出的火焰充足而疾速，焊枪嘴出火的声音一般比较嘈杂。其操作要领是开足煤气阀或油气阀，增加压缩空气或氧气，整个火焰的状态是大而猛。通常在焊接大件时，需要用这种火进行预热加温，使接口在焊接时不致使整个工件变形。

（3）细火　细火是指焊枪嘴喷出的火焰软而速疾，枪口出火时常常有"吱嘘"的声音。其操作要领是开小煤气阀或油气阀，助燃要有力，使火焰的形状细而尖。通常对小物件的接口焊接时采用这种细火。

（4）散火　散火是指焊枪一经点燃，在没有任何助燃的情况下，使焊枪嘴喷出最大的火焰，其操作要领是开足煤气阀或油气阀，让气体充分地燃烧，其火力直接靠周围的空气助燃，整个火势没有任何聚焦点。通常在焊接大型器皿结束焊接的时刻，为了防止焊接好的器皿突然受冷而产生物理性收缩，致使整个器皿变形，采取散火可起退火保温的作用，使工件缓慢冷却，保证被焊接器皿能维持原状而避免变形走样。

3. 助焊剂

（1）助焊剂的特征与构成　助焊剂简称为焊剂，其种类很多。因为焊接的性质不同，所以在焊接过程中必须使用不同类型的助焊剂，才能保证其工艺的质量。现多用硼砂作为助焊剂。

硼砂的化学成分为 $Na_2B_4O_7 \cdot 10H_2O$，单斜晶系，晶体呈板状或短柱状，集合体呈粒状或土状块体。通常为白色或者微带灰、黄、蓝、绿等色，玻璃光泽，硬度超过 2 度，相对密度为 1.7 左右。溶解于水，带甜、涩味。其来源主要依赖于含硼砂湖的蒸发干涸。

（2）助焊剂在各种材料熔炼及首饰中的应用　硼砂的用途十分广泛，是制造光学玻璃、珐琅和瓷釉的原料。在首饰制作领域中，也经常被使用，特别是在以黄金为首的贵金属冶炼中，硼砂是必不可少的辅助材料，其作用主要是在高温熔化状态下防止或减少贵金属过分氧化，并微量地改善金属结构的化学成分。

在首饰制作中，硼砂是焊接工艺中的一个组成部分，它主要是用来保护金属焊接处的氧化，并尽可能地改善焊缝金属的力学性能或表面的化学成分。在实际使用中，因工艺需要偶尔也渗入微量的硼酸。

4. 硼砂的烧煮和使用方法

在首饰制作的过程中，有些工艺是需要用焊料进行焊接的，而焊接时必须添加助焊剂。硼砂是最主要的助焊剂（还可以略加硼酸），铂金、黄金、白银都用它做助焊剂。首饰业将购得的硼砂称为生硼砂，而经烧煮后的硼砂称为熟硼砂，熟硼砂用于首饰焊接。熟硼砂的特点是：颗粒细腻，膨胀性小，易与焊料结合，助焊效果好。

（1）硼砂的烧煮方法　将碾磨后的硼砂放入容器内（可用不锈钢、搪瓷、陶瓷等器皿），加上自来水（以淹没硼砂为好），置于炉上烧煮。煮沸后熄火，用棍棒顺时针或逆时针不停地搅拌，直至冷却。

（2）熟硼砂的使用方法　熟硼砂在使用过程中，可根据焊接的要求，与焊料拌在一起焊接；也可以先将硼砂涂抹在需要焊接的部位，而后放上焊料焊接；或者焊料蘸些硼砂放在需要焊接的部位进行焊接。硼砂用量根据焊接面积而定，大则多，小则少。

5. 焊药的配制

配制焊药应注意对 Zn、Cd、Cu 等元素的控制，因为他们是影响焊药熔点的关键。焊药中适量的 Zn 元素、Cd 元素能够起到降低焊药熔点、增强焊药流动性和改变焊缝色泽等作用，但添加过量反而会增加焊缝脆性，降低焊缝强度。焊药中的 Cu 元素主要是保证焊药的塑性，对添加 Zn 元素、Cd 元素后产生的脆性进行改善，同时也有一定的改色作用。由于 Zn、Cd 等元素易发生氧化反映，配焊药应在真空或保护氛围中进行，以最大程度的减少氧化物的混入，提高焊药的纯净度。

另外，含量低一点的银子由于熔点低，可以当银焊药，用来焊接银首饰。金焊药可以在纯金里加入少许铜丝，加入铜丝后熔点低，融化得快，用来焊接黄金首饰。

6. 复杂产品的焊接技术

大多数金属产品的制作都需要焊接，常见的焊接有铆焊、冷焊接、热焊接和电焊接等几大类。在首饰行业中通常使用的是热焊技术，即煤气焊、燃气焊和汽油焊等几种，效果最好的是煤气焊。如果一件首饰产品的制作必须要经过焊接的话，那么焊接便成了制作工艺的一部分，此时的焊接是有严格的技术标准的，它并不是简单地把金属物的两端焊接起来。组成焊接的几个要素都必须具备一定的技术标准，即焊缝细密均衡、焊药流畅平滑、物件牢固坚韧，只有这样才能使金属物获得最佳的焊接效果。下面就有关焊接的基本要素进行探讨。

（1）焊缝的形态及要求　常见的金属物焊接形态有水平状形态、T 字状形态、圆弧状形态、重叠状形态等。无论是哪一种形态的焊缝，其基本要求都是一致的，即接口的边缘应该是彼此细密、表面平整（平面焊接应上下平整）、左右对齐，只有这样工件焊接后才能达到技术标准。例如，两块金属平面焊接，在其衔接处不能倾斜，否则焊接后的金属平面就会出现垂直断层的现象。假如这种状况出现在圆弧形的工件上，就会有位移现象，最后导致无法焊接，所以物件焊接时，一定要对焊缝做严格的技术要求。

（2）焊剂的要求　焊接时，焊药及其摆放很重要，焊药的多少应根据被焊接的物件厚度而定。在摆放时，其间隔的距离应保持一致，多一块和少一块都将直接影响焊药溶化后凝结时的物理状态，若不均匀，焊缝就会出现颗粒疙瘩，这是焊药熔化流动时突然受阻的结果。

（3）助焊剂的要求　在金银制品的焊接中，常用的助焊剂是硼砂，对其也有一定的要求，它必须洁净、细腻和顺滑。在作业时，用狼毫小楷笔蘸上硼砂或用特制的钢丝勺舀硼砂对要焊接的工件细心地涂抹，使助焊剂涂抹均匀、整洁到位且不外溢，防止焊药在熔化时四处流溢。

（4）火势的控制　焊接时，火势控制很重要。焊接要求稳，切忌求快。在具体操作时，一定要根据焊件的厚度、焊缝的长短、体积的大小及时调整火势的强度，同时要防止回火现象的产生。若产生这种现象，应及时调整焊枪的角度，切不可轻率地增强火势，避免焊件被高温熔化。

7. 焊接技术要点

（1）首饰焊接含义　首饰焊接是指用熔化焊料（也称焊药）的方法将两件分离的材料（配件）连接在一起。

（2）首饰焊接要求　焊接的部位（点、面、线）须光顺，没有砂粒、凹凸和疙瘩。焊接的部位要牢固，但不能影响原配件和材料的形状和表面。例如，使被焊接的零件部分熔化，或使其花纹熔化等。

（3）掌握火焰温度　因首饰材料不同，其焊接温度也各不相同；而且焊接面积大小不同，焊接温度也有差异。要控制温度，就必须掌握火焰中的强火部分。火枪喷出的火焰，头部呈黄色，中部呈深蓝色，尾部呈淡蓝色。深蓝色温度最高，淡蓝色温度次之，黄色温度最低，也就是说强火处在火焰中的中上部。

（4）正确选择焊料　首饰材料的品种和规格有许多种，焊料的配方也有许多种，相应的配方焊料应该与相应的首饰材料组合。若出现组合错误，焊接质量就会出现问题，小则影响美观，大则损坏被焊接的材料或配件。

8. 焊接顺序

1）接合点（或面、线）要用锉刀和刮刀进行清理。

2）在接合点（或面、线）涂少量硼砂，范围不可涂得太大，因为焊料熔化后会顺着涂硼砂的部位流淌。

3）准备好焊料，将焊料剪成1mm左右的小料，用镊子夹在连接处。

4）用火枪加热被焊接零件，至一定温度后（通常呈红色，比焊料温度略高），焊料熔化并顺着间隙流入，流入充分后（即所有连接点均有焊料），即将火枪移开。稍后放入水中冷却。

5）检查被焊接零件的焊接质量，如有假焊或虚焊，应从第一步重新开始做起。

9. 熔炼贵金属粉末回残的操作技术

首饰在制作过程中，会使用各种加工方法来改变材料的形态，如锯削、剪切、锉削等。实施这些加工方法时会产生许多细小的残粒（业内称锉末回残），由于贵金属是价值昂贵的材料，为降低材料成本，残粒都需要加以回收。为使这些细小的残粒"聚沙成塔"，在产品制成后，应将其全部收集，统一熔化成块状或粒状。回残分净残和混残。净残是大块的不沾焊料的余料的回残；混残是沾有焊料的余料、锉末及较小的块状焊料的回残。混残需熔化后退库房，净残不必熔化即可退库房。

材料准备-熔金

（1）杂质及铁屑的清理　当所有锉末与残粒收拢后，其中会混有杂质和铁屑，在熔化前应尽量清除掉，具体方法是：把所有锉末与残粒聚放在铝罐或瓷罐内，先将纸屑、头发、木条等可见物取掉，放在火上烘烤后，再用磁铁在锉末与残粒间来回吸取铁屑。

（2）回残使用工具

1）锦絮纸。包裹细小的残粒。

2）石锦砖。垫于坩埚底下，起隔热和保温的作用。

3）刷子。收集细小残粒，将粘在工具及盛器上的残粒刷净。

4）不锈钢镊子。在熔化残粒时用来夹坩埚。

5）硼砂。熔化时防止或减少贵金属过分氧化的作用。

6）火枪。熔化时的热源发生器，熔化黄金时用煤气火枪，熔化铂金时用氧气火枪。

7）泥制坩埚。熔化残粒的盛器，能耐高温而不碎裂。

（3）回残操作步骤

1）拿专刷贵金属材料的刷子，将粘有贵金属残粒的工具、盛器刷净，刷下的残粒及硼砂、老碱都放在锦絮纸上，包起收拢好后，用开水浸泡拧干（起黏结作用，防止火枪的气体吹散残粒）。带尖角的、稍大的残粒，可不用这个方法。

2）将尖角的、稍大的残粒和包裹残粒的锦絮团放入泥制坩埚里，先用温火把坩埚加热，燃火逐渐加强火力使所有残粒完全熔化。

3）用不锈钢镊子夹住坩埚轻轻地摇动，使熔化的材料集中在一起。如表面杂物（因残粒中混有杂质）较多时，可拨去一些，以加快熔化和流动，直至完全熔化成一团为止。

4）材料熔化后，待其温度稍低后从坩埚中取出（不能等到完全冷却后再去取，这时材料会因硼砂黏结而不易取出）。取出的材料放入冷水中降温，从水中取出后，用小锤子将表面的硼砂、硼酸及杂质敲去、钻入小孔内的硼砂及杂物用稀硫酸浸透、洗净。

四、练习任务

任务一　宝塔制作	
工序 5 宝塔－煮硼砂水 	**任务要求**：准备硼砂水。 **任务制作**：将适量的生硼砂放入明矾杯中，再加入适量的清水，然后用火枪对明矾杯加热直至硼砂完全溶化为止（见图 2-5-11）。 **注意事项**：加入硼砂的数量不宜过多。
工序 6 宝塔－焊接 	**任务要求**：按照宝塔的形状将 5 块小铜片焊接在一起。 **任务制作**：除规格为 2mm×2mm 的铜片外，将其余 4 块铜片按照宝塔的形状叠在一起，并用反弹夹夹住。用剪钳剪下焊药若干备用。然后用小毛笔将煮好的硼砂水均匀涂抹到 4 块铜片之间的缝隙中。然后用火枪对铜片加热，当铜片温度升高至表面微红时，用镊子将 3 块焊药点在 4 块铜片的缝隙处，然后大火加热直至焊药熔化成水，当在 4 块铜片的缝隙处有走水的现象时即可停火。然后再将规格为 2mm×2mm 的铜片采用同样的方法焊接到宝塔的顶端（见图 2-5-12）。 **注意事项**：硼砂水的涂抹一定要到位；因为 2mm×2mm 的铜片比较小，所以要单独焊接；在焊接时要注意控制焊接温度，避免将工件焊化。

图2-5-11 宝塔–煮硼砂水

图2-5-12 宝塔–焊接完成

任务二 台阶制作

工序5
台阶–煮硼砂水

任务要求：准备硼砂水。

任务制作：将适量的生硼砂放入明矾杯中，再加入适量的清水，然后用火枪对明矾杯加热直至硼砂完全溶化为止。

注意事项：加入硼砂的数量不宜过多。

工序6
台阶–焊接

任务要求：按照台阶的形状将9块小铜片焊接在一起。

任务制作：先将两大、一小3块铜片按照台阶的形态叠在一起，并用反弹夹夹住。用剪钳剪下焊药若干备用。然后用小毛笔将煮好的硼砂水均匀涂抹到3块铜片之间的缝隙中。然后用火枪对铜片加热，当铜片温度升高至表面微红时，用镊子将2块焊药点在3块铜片的缝隙处，然后大火加热直至焊药熔化成水，当在3块铜片的缝隙处有走水的现象时即可停火。然后用同样的方法将其余的铜片焊接在一起，使这9块铜片组合成台阶的形态（见图2-5-13）。

注意事项：硼砂水的涂抹一定要到位；在固定工件时需注意使用反弹夹的技巧；在焊接时要注意控制焊接温度，避免将工件焊化。

工序7
台阶–煲明矾水

任务要求：对台阶进行煲明矾水操作。

任务制作：在明矾杯中加入适量的明矾，再加入适量的清水。将焊接好的台阶放入明矾杯，然后用火枪对明矾杯加热直至在焊接中残留在台阶表面的硼砂完全去除干净为止（见图2-5-14）。

注意事项：煲明矾水时需要边加热边观察工件表面的状态。

图2-5-13 台阶–焊接完成

图2-5-14 台阶–煲明矾水完成

任务四　万字链制作

工序 2 万字链 – 材料 退火 	任务要求：将制作万字链的线状材料进行退火操作。 任务制作：将线状材料卷起来放在焊瓦上，用火枪对材料进行退火操作（见图2-5-15）。 注意事项：退火时注意控制温度，避免材料因温度过高而熔化。
工序 7 万字链 – 焊链 	任务要求：用火枪将套好的万字链上的链颗逐个进行焊接，使万字链成为一体。 任务制作：用火枪、镊子等工具在焊瓦上对套好的万字链上的链颗逐个进行焊接（见图2-5-16）。 注意事项：焊接过程中注意焊药和硼砂的使用；控制好焊接温度。
工序 9 万字链 – 煲明 矾水 	任务要求：对万字链进行煲明矾水操作。 任务制作：在明矾杯中加入适量的明矾，再加入适量的清水。将焊接好的万字链放入明矾杯，然后用火枪对明矾杯加热直至在焊接中残留在万字链表面的硼砂完全去除干净为止（见图2-5-17）。 注意事项：煲明矾水时需要边加热边观察工件表面的状态。

图2-5-15　万字链–材料退火

图2-5-16　万字链–焊链

图2-5-17　万字链–煲明矾水完成

任务五　钉子戒指制作

工序 2 钉子戒指 – 焊接 	任务要求：将钉子帽和钉子身焊接在一起。 任务制作：把钉子帽放在焊瓦上合适的位置，借助反弹夹来固定钉子身，将带有硼砂的钉子身垂直放置在钉子帽上，然后用火枪进行焊接，将2个工件焊接在一起（见图2-5-18）。 注意事项：焊接时注意焊药和硼砂的使用；工件的相对位置要摆放准确；控制好焊接温度。

任务五　钉子戒指制作

工序 3
钉子戒指－煲明矾水

任务要求：对钉子戒指进行煲明矾水操作。

任务制作：在明矾杯中加入适量的明矾，再加入适量的清水。将焊接好的钉子戒指放入明矾杯，然后用火枪对明矾杯加热直至在焊接中残留在钉子戒指表面的硼砂完全去除干净为止（见图 2-5-19）。

注意事项：煲明矾水时需要边加热边观察工件表面的状态。

图 2-5-18　钉子戒指-焊接

图 2-5-19　钉子戒指-煲明矾水完成

任务六　四叶草戒指制作

工序 10
四叶草戒指－焊接

任务要求：将四叶草戒指的戒台和戒圈材料焊接成一体。

任务制作：将四叶草戒台和戒圈材料的相对位置摆放好，再用反弹夹辅助固定工件，然后用火枪进行工件的焊接，将 2 个工件焊接在一起（见图 2-5-20、图 2-5-21）。

注意事项：焊接时注意焊药和硼砂的使用；工件的相对位置要摆放准确；控制好焊接温度。

工序 11
四叶草戒指－煲明矾水

任务要求：对四叶草戒指进行煲明矾水操作。

任务制作：在明矾杯中加入适量的明矾，再加入适量的清水。将焊接好的四叶草戒指放入明矾杯，然后用火枪对明矾杯加热直至在焊接中残留在四叶草戒指表面的硼砂完全去除干净为止（见图 2-5-22）。

注意事项：煲明矾水时需要边加热边观察工件表面的状态。

图 2-5-20　四叶草戒指-焊接

图 2-5-21　四叶草戒指-焊接完成

图 2-5-22　四叶草戒指-煲明矾水完成

任务七　球形耳钉制作

工序 5
球形耳钉 –
焊接

任务要求：将修整完的 4 个半球材料焊接成 2 个小球，再将耳钉的插棍焊接在小球上合适的位置。

任务制作：借助反弹夹来固定半球形材料，将 4 个半球摆放成 2 个小球，用火枪将材料焊接成 2 个小球；然后再用点面焊的焊接方法将耳钉的插棍焊接在小球上合适的位置（见图 2-5-23、图 2-5-24）。

注意事项：焊接时注意焊药和硼砂的使用；工件的相对位置要摆放准确；控制好焊接温度。

工序 6
球形耳钉 – 煲
明矾水

任务要求：对球形耳钉进行煲明矾水操作。

任务制作：在明矾杯中加入适量的明矾，再加入适量的清水。将焊接好的球形耳钉放入明矾杯，然后用火枪对明矾杯加热直至在焊接中残留在球形耳钉表面的硼砂完全去除干净为止（见图 2-5-25）。

注意事项：煲明矾水时需要边加热边观察工件表面的状态。

图 2-5-23　球形耳钉-焊接小球　　图 2-5-24　球形耳钉-焊接插棍　　图 2-5-25　球形耳钉-煲明矾水

任务八　五角星胸针制作

工序 13
五角星胸针 –
焊接插棍

任务要求：将五角星胸针的插棍焊接在五角星的背面。

任务制作：用反弹夹夹住插棍，将插棍焊接在五角星背面合适的位置（见图 2-5-26、图 2-5-27）。

注意事项：焊接时注意焊药和硼砂的使用；工件的相对位置要摆放准确；控制好焊接温度。

工序 14
五角星胸针 –
煲明矾水

任务要求：对五角星胸针进行煲明矾水操作。

任务制作：在明矾杯中加入适量的明矾，再加入适量的清水。将焊接好的五角星胸针放入明矾杯，然后用火枪对明矾杯加热直至在焊接中残留在五角星胸针表面的硼砂完全去除干净为止（见图 2-5-28）。

注意事项：煲明矾水时需要边加热边观察工件表面的状态。

图2-5-26　五角星胸针-焊接　　图2-5-27　五角星胸针-焊接　　图2-5-28　五角星胸针-煲
插棍　　　　　　　　　插棍完成　　　　　　　　明矾水完成

任务九　奔驰标吊坠制作

工序16
奔驰标吊坠-外圈材料焊接

任务要求：将制完圆的吊坠外圈材料的对接口焊接在一起。

任务制作：将吊坠的外圈材料放在焊瓦上，用火枪将外圈材料的对接缝隙焊接在一起（见图2-5-29）。

注意事项：焊接时注意焊药和硼砂的使用；工件的相对位置要摆放准确；控制好焊接温度。

工序19
奔驰标吊坠-焊接

任务要求：将双面立体三叉星焊接在吊坠外圈内部，再把吊坠扣焊接到吊坠外圈的合适位置。

任务制作：将双面立体三叉星摆放在吊坠外圈的内部，用火枪将三叉星的三个角尖与吊坠材料的内壁焊接在一起；然后再将装备好的吊坠扣焊接在吊坠外圈的合适位置（见图2-5-30、图2-5-31）。

注意事项：焊接时注意焊药和硼砂的使用；工件的相对位置要摆放准确；控制好焊接温度。

图2-5-29　奔驰标吊坠-外　　图2-5-30　奔驰标吊坠-焊接　　图2-5-31　奔驰标吊坠-焊接
圈材料焊接　　　　　　三叉星　　　　　　　　吊坠扣

任务十　字符吊坠制作

工序7
字符吊坠-焊接

任务要求：将八卦图案的字符吊坠的上下两层及卦眼焊接在一起。

任务制作：先将字符吊坠的2层图案摆放好，再涂上硼砂水，然后用火枪将2层图案焊接在一起；再用反弹夹将准备好的铜柱固定在图案的卦眼位置，用火枪将铜柱焊接在吊坠主体上（见图2-5-32）。

注意事项：焊接时注意焊药和硼砂水的使用；工件的相对位置要摆放准确；控制好焊接温度。

任务十　字符吊坠制作

工序 8
字符吊坠 –
煲明矾水

任务要求： 对字符吊坠进行煲明矾水操作。

任务制作： 在明矾杯中加入适量的明矾，再加入适量的清水。将焊接好的字符吊坠放入明矾杯，然后用火枪对明矾杯加热直至在焊接中残留在字符吊坠表面的硼砂完全去除干净为止（见图2-5-33）。

注意事项： 煲明矾水时需要边加热边观察工件表面的状态。

工序 11
字符吊坠 –
焊扣

任务要求： 将准备好的吊坠扣焊接在字符吊坠的合适位置。

任务制作： 用反弹夹夹住字符吊坠，然后把吊坠放在焊瓦上，用镊子或者反弹夹夹起准备好的吊坠扣，用点面焊的方法将吊坠扣焊接到吊坠的合适位置（见图2-5-34）。

注意事项： 焊接时注意焊药和硼砂的使用；工件的相对位置要摆放准确；控制好焊接温度。

工序 12
字符吊坠 – 煲
明矾水

任务要求： 对字符吊坠进行煲明矾水操作。

任务制作： 在明矾杯中加入适量的明矾，再加入适量的清水。将焊接好吊坠扣的字符吊坠放入明矾杯，然后用火枪对明矾杯加热直至在焊接中残留在字符吊坠表面的硼砂完全去除干净为止（见图2-5-35）。

注意事项： 煲明矾水时需要边加热边观察工件表面的状态。

图2-5-32　字符吊坠–焊接完成

图2-5-33　字符吊坠–煲明矾水完成

图2-5-34　字符吊坠–焊扣完成

图2-5-35　字符吊坠–煲明矾水完成

任务十一 盒子制作

工序 8 盒子 – 材料退火	**任务要求**：对制作盒子壁的材料进行退火操作。 **任务制作**：将材料放在焊瓦上，用火枪对材料进行退火操作（见图2-5-36）。 **注意事项**：控制退火的温度，避免因温度过高而使材料熔化。
工序 9 盒子 – 焊接 盒子壁	**任务要求**：将制好型的盒子壁焊接起来。 **任务制作**：将制好型的盒子壁放在焊瓦上，用强火对盒子壁进行焊接，将焊接缝隙焊接在一起（见图2-5-37）。 **注意事项**：焊接时注意焊药和硼砂的使用；工件的相对位置要摆放准确；由于工件体积比较大，所以焊接时需要用强火并且要控制好焊接温度。
工序 10 盒子 – 焊接 盒子底	**任务要求**：将准备好的盒子底焊接在盒子壁的底部位置。 **任务制作**：将准备好的盒子底与盒子壁的相对位置摆放好，用强火对2个工件进行焊接，将这2个工件焊接在一起（见图2-5-38、图2-5-39）。 **注意事项**：焊接时注意焊药和硼砂的使用；工件的相对位置要摆放准确；由于工件体积比较大，所以焊接时需要用强火并且要控制好焊接温度。
工序 14 盒子 – 焊接 盒子盖	**任务要求**：将制好型且修整完焊接缝隙的盒子盖焊接到盒子壁的顶部。 **任务制作**：将制好型的盒子盖摆放在盒子壁顶部的合适位置，然后用强火对2个工件进行焊接，将这2个工件焊接在一起（见图2-5-40）。 **注意事项**：焊接时注意焊药和硼砂的使用；工件的相对位置要摆放准确；由于工件体积比较大，所以焊接时需要用强火并且要控制好焊接温度。
工序 15 盒子 – 煲明矾水	**任务要求**：对封闭的盒子进行煲明矾水操作。 **任务制作**：在明矾杯中加入适量的明矾，再加入适量的清水。将焊接好的封闭的盒子放入明矾杯，然后用火枪对明矾杯加热直至在焊接中残留在封闭的盒子硼砂完全去除干净为止（见图2-5-41）。 **注意事项**：煲明矾水时需要边加热边观察工件表面的状态。
工序 18 盒子 – 补焊	**任务要求**：检查盒子上的焊接缝隙，对有虚焊的位置进行补焊操作，以保证盒子的焊接质量。 **任务制作**：将盒子盖和盒子底放在焊瓦上，边加热边检查盒子的焊接缝隙，然后对盒子上焊接缝隙中有虚焊的位置进行补焊操作，保证盒子的焊接质量（见图2-5-42）。 **注意事项**：焊接时注意焊药和硼砂的使用；工件的相对位置要摆放准确；由于工件体积比较大，所以焊接时需要用强火并且要控制好焊接温度。
工序 19 盒子 – 煲明矾水	**任务要求**：对封闭的盒子进行煲明矾水操作。 **任务制作**：在明矾杯中加入适量的明矾，再加入适量的清水。将焊接好的封闭的盒子放入明矾杯，然后用火枪对明矾杯加热直至在焊接中残留在封闭的盒子硼砂完全去除干净为止（见图2-5-43）。 **注意事项**：煲明矾水时需要边加热边观察工件表面的状态。

任务十一　盒子制作

工序 28 盒子 – 焊接盒子 扣的管料	**任务要求**：将盒子扣的管料焊接在盒子盖正面的合适位置。 **任务制作**：将盒子扣的管料摆放在盒子盖正面的合适位置，用火枪将管料焊接到盒子盖上（见图2-5-44）。 **注意事项**：焊接时注意焊药和硼砂的使用；工件的相对位置要摆放准确；控制好焊接温度。
工序 29 盒子 – 焊接盒盖 合页管	**任务要求**：将合页焊接到盒子盖的合适位置。 **任务制作**：将合页管料摆放在盒子盖的合适位置，用火枪将管料焊接到盒子盖上（图2-5-45）。 **注意事项**：焊接时注意焊药和硼砂的使用；工件的相对位置要摆放准确；因为管料和盒子盖的体积相差较大，所以加热点应放在盒子盖上，并且要控制好焊接温度。
工序 30 盒子 – 焊接盒底 合页管	**任务要求**：将合页管焊接到盒子底的合适位置。 **任务制作**：将合页管料摆放在盒子底的合适位置，用火枪将管料焊接到盒子底上（见图2-5-46）。 **注意事项**：焊接时注意焊药和硼砂的使用；工件的相对位置要摆放准确；因为管料和盒子盖的体积相差较大，所以加热点应放在盒子底上，并且要控制好焊接温度。
工序 31 盒子 – 煲明矾水	**任务要求**：对焊好合页管的盒子进行煲明矾水操作。 **任务制作**：在明矾杯中加入适量的明矾，再加入适量的清水。将焊接好合页管的盒子放入明矾杯，然后用火枪对明矾杯加热直至在焊接中残留在盒子合页管附近的硼砂完全去除干净为止（见图2-5-47）。 **注意事项**：煲明矾水时需要边加热边观察工件表面的状态。
工序 35 盒子 – 焊接 盒子扣 	**任务要求**：将盒子扣焊接到盒子盖的合适位置。 **任务制作**：将盒子扣摆放在盒子盖的合适位置，用火枪将盒子扣焊接到盒子底上（见图2-5-48）。 **注意事项**：焊接时注意焊药和硼砂的使用；工件的相对位置要摆放准确；因为盒子扣和盒子盖的体积相差较大，所以加热点应放在盒子盖上，并且要控制好焊接温度。
工序 36 盒子 – 煲明矾水 	**任务要求**：对焊好盒子扣的盒子盖进行煲明矾水操作。 **任务制作**：在明矾杯中加入适量的明矾，再加入适量的清水。将焊接好盒子扣的盒子盖放入明矾杯，然后用火枪对明矾杯加热，直至在焊接中残留在盒子盖上盒子扣附近的硼砂完全去除干净为止（见图2-5-49）。 **注意事项**：煲明矾水时需要边加热边观察工件表面的状态。

任务十一 盒子制作

工序 37
盒子－焊接盒子扣点

任务要求： 将盒子扣点焊接到盒子底的合适位置。
任务制作： 将盒子扣摆放在盒子底的合适位置，用火枪采用点面焊的焊接方法将扣点焊接到盒子底上（见图 2-5-50）。
注意事项： 焊接时注意焊药和硼砂的使用；工件的相对位置要摆放准确；因为盒子扣点和盒子底的体积相差较大，所以加热点应放在盒子底上，并且要控制好焊接温度。

工序 38
盒子－煲明矾水

任务要求： 对焊好扣点的盒子底进行煲明矾水操作。
任务制作： 在明矾杯中加入适量的明矾，再加入适量的清水。将焊接好扣点的盒子底放入明矾杯，然后用火枪对明矾杯加热，直至在焊接中残留在盒子底上盒子扣点附近的硼砂完全去除干净为止（见图 2-5-51）。
注意事项： 煲明矾水时需要边加热边观察工件表面的状态。

图 2-5-36 盒子–材料退火

图 2-5-37 盒子–焊接盒子壁

图 2-5-38 盒子–焊接盒子底

图 2-5-39 盒子–焊接盒子底完成

图 2-5-40 盒子–焊接盒子盖

图 2-5-41 封闭的盒子–煲明矾水完成

图 2-5-42 盒子–补焊

图 2-5-43 盒子–煲明矾水

图 2-5-44 盒子–焊接盒子扣的管料

图 2-5-45 盒子–焊接盒盖合页管

图 2-5-46 盒子–焊接盒底合页管

图 2-5-47 盒子–煲明矾水

图 2-5-48　盒子-焊接盒子扣

图 2-5-49　盒子-煲明矾水完成

图 2-5-50　盒子-焊接盒子扣点

图 2-5-51　盒子-煲明矾水完成

任务十二　弧面戒指制作

工序 5 弧面戒指 – 戒指焊接	**任务要求：** 将弧面戒指的焊接缝焊接在一起。 **任务制作：** 用反弹夹辅助固定戒指，用火枪将戒指上的焊接缝焊接在一起，形成一个闭合的戒指圈（见图 2-5-52）。 **注意事项：** 焊接前要将焊接缝的相对位置对接整齐；控制焊接用火的温度，避免将材料焊化。
工序 6 弧面戒指 – 煲明矾水	**任务要求：** 对焊好的弧面戒指进行煲明矾水操作。 **任务制作：** 在明矾杯中加入适量的明矾，再加入适量的清水。将焊接好的弧面戒指放入明矾杯，然后用火枪对明矾杯加热，直至在焊接中残留在弧面戒指焊接点附近的硼砂完全去除干净为止（见图 2-5-53）。 **注意事项：** 煲明矾水时需要边加热边观察工件表面的状态。

图 2-5-52　弧面戒指-戒指焊接完成

图 2-5-53　弧面戒指-煲明矾水完成

任务十三　编织戒指制作

工序 11 编织戒指 – 戒指焊接	**任务要求：** 将编织戒指的焊接缝焊接在一起。 **任务制作：** 用反弹夹辅助固定戒指，用火枪将戒指上的焊接缝焊接在一起，形成一个闭合的戒指圈（见图 2-5-54）。 **注意事项：** 焊接前要将焊接缝的相对位置对接整齐；控制焊接用火的温度，避免将材料焊化。

任务十三　编织戒指制作

工序12
编织戒指 –
煲明矾水

任务要求：对焊接好的编织戒指进行煲明矾水操作。

任务制作：在明矾杯中加入适量的明矾，再加入适量的清水。将焊接好的编织戒指放入明矾杯，然后用火枪对明矾杯加热，直至在焊接中残留在编织戒指焊接点附近的硼砂完全去除干净为止（见图2-5-55）。

注意事项：煲明矾水时需要边加热边观察工件表面的状态。

图2-5-54　编织戒指–戒指焊接　　　　图2-5-55　编织戒指–煲明矾水完成

任务十四　掐丝戒指制作

工序3
掐丝戒指 –
花丝退火

任务要求：对花丝进行退火操作。

任务制作：将制作好的花丝卷成一卷放在焊瓦上，用粗火对花丝进行退火操作（见图2-5-56）。

注意事项：注意退火时火枪火焰的选择；控制和退火的温度，避免将花丝烧熔化。

工序5
掐丝戒指 –
花丝瓣退火

任务要求：对花丝瓣进行退火操作。

任务制作：将制作好的花丝瓣平放在焊瓦上，用粗火对花丝瓣进行退火操作（见图2-5-57）。

注意事项：注意退火时火枪火焰的选择；控制和退火的温度，避免将花丝瓣烧熔化。

工序7
掐丝戒指 –
戒圈焊接

任务要求：将处理好的戒指圈的焊接缝焊接在一起。

任务制作：将戒指圈平放在焊瓦上，用火枪将戒指上的焊接缝焊接在一起，形成一个闭合的戒指圈（见图2-5-58）。

注意事项：焊接前要将焊接缝的相对位置对接整齐；控制焊接用火的温度，避免将材料焊化。

工序14
掐丝戒指 – 戒圈
侧壁焊接

任务要求：将戒圈的2个侧壁焊接到戒指圈的两侧。

任务制作：在加热的状态中，将戒指侧壁的焊接面上蘸上硼砂，然后将2个侧壁与戒指圈平放在焊瓦上并摆放好3者的相对位置，最后按照设计的图样将3者焊接在一起（见图2-5-59）。

注意事项：焊接前3个工件的相对位置要摆放好；点焊药的位置要合理；要控制焊接温度，避免将工件焊化。

任务十四　掐丝戒指制作

工序 15
掐丝戒指 – 戒圈
煲明矾水

任务要求：对焊好侧壁的戒指圈进行煲明矾水操作。

任务制作：在明矾杯中加入适量的明矾，再加入适量的清水。将焊接好侧壁的戒指圈放入明矾杯，然后用火枪对明矾杯加热，直至在焊接中残留在掐丝戒指焊接点附近的硼砂完全去除干净为止（见图 2-5-60）。

注意事项：煲明矾水时需要边加热边观察工件表面的状态。

工序 19
掐丝戒指 –
花丝焊接

任务要求：将花丝的缝隙焊接成一体。

任务制作：用低温焊药，在铁丝的辅助固定下，将花丝的缝隙焊接成一体（见图 2-5-61）。

注意事项：为确保焊接效果，一定要用低温焊药；焊接时要控制好焊接温度，避免将花丝辫焊化。

图 2-5-56　掐丝戒指– 花丝退火

图 2-5-57　掐丝戒指– 花丝辫退火

图 2-5-58　掐丝戒指–戒圈焊接

图 2-5-59　掐丝戒指–戒圈侧壁焊接

图 2-5-60　掐丝戒指–戒圈
煲明矾水完成

图 2-5-61　掐丝戒指–花丝焊接

任务十五　编织手镯制作

工序 8
编织手镯 –
涂硼砂水

任务要求：在编织好的丝带和垫层中涂上硼砂水。

任务制作：用毛笔蘸上烧煮好的硼砂水，在丝带和层间反复涂抹，使缝隙中布满硼砂水（见图 2-5-62）。

注意事项：硼砂水要涂均匀。

工序 9
编织手镯 –
垫层焊接

任务要求：将垫层和丝带焊接在一起。

任务制作：将涂完硼砂水且在垫层中的合适位置放好焊药的手镯平放在焊瓦上，用煤气焊枪进行焊接，将丝带和垫层焊接在一起（见图 2-5-63）。

注意事项：焊接时需要控制焊接温度，避免将手镯焊化。

任务十五　编织手镯制作

<table>
<tr>
<td>工序 10
编织手镯 –
煲明矾水
</td>
<td>**任务要求**：对焊接好的编织手镯进行煲明矾水操作。
任务制作：在明矾杯中加入适量的明矾，再加入适量的清水。将焊接好的编织手镯放入明矾杯，然后用火枪对明矾杯加热，直至在焊接中残留在编织手镯焊接点附近的硼砂完全去除干净为止（见图2–5–64）。
注意事项：煲明矾水时需要边加热边观察工件表面的状态。</td>
</tr>
</table>

图2–5–62　编织手镯–涂硼砂水

图2–5–63　编织手镯–垫层焊接

图2–5–64　编织手镯–煲明矾水完成

任务十六　麻花手镯制作

<table>
<tr>
<td>工序 5
麻花手镯 – 焊
手镯两头
</td>
<td>**任务要求**：将麻花手镯两端松散的银线焊接在一起。
任务制作：在麻花手镯的两端蘸好硼砂，然后用煤气焊枪对手镯两端进行焊接，将手镯两端松散的银线焊接在一起（见图2–5–65）。
注意事项：焊接时需要控制焊接温度，同时要观察手镯两端的线头，直至达到满意的熔化状态为止。</td>
</tr>
<tr>
<td>工序 7
麻花手镯 –
煲明矾水
</td>
<td>**任务要求**：对焊接好的麻花手镯进行煲明矾水操作。
任务制作：在明矾杯中加入适量的明矾，再加入适量的清水。将焊接好的麻花手镯放入明矾杯，然后用火枪对明矾杯加热，直至在焊接中残留在麻花手镯焊接点附近的硼砂完全去除干净为止（见图2–5–66）。
注意事项：煲明矾水时需要边加热边观察工件表面的状态。</td>
</tr>
</table>

图2–5–65　麻花手镯–焊手镯两头

图2–5–66　麻花手镯–煲明矾水完成

任务十七　单套侧身链制作

工序5 单套侧身链 – 焊链	**任务要求**：将每个链颗焊接成一闭合的环。 **任务制作**：将套好的单套侧身链平放在焊瓦上，用镊子、火枪对每个链颗的焊接缝进行焊接，直至将所有的链颗都焊接成闭合的环为止（见图2-5-67）。 **注意事项**：因为焊接中不使用焊药，所以焊接时要认真；焊接时需要控制焊接用火和温度，避免将链颗焊化；焊接完要仔细地检查一遍侧身链上的每一个焊接缝。
工序6 单套侧身链 – 煲明矾水一	**任务要求**：对焊接好的单套侧身链进行煲明矾水操作。 **任务制作**：在明矾杯中加入适量的明矾，再加入适量的清水。将焊接好的单套侧身链放入明矾杯，然后用火枪对明矾杯加热，直至在焊接中残留在单套侧身链焊接点附近的硼砂完全去除干净为止（见图2-5-68）。 **注意事项**：煲明矾水时需要边加热边观察工件表面的状态。
工序11 单套侧身链 – W扣焊接	**任务要求**：将制作好的W扣上相应的点焊接在一起。 **任务制作**：将制作好的W扣套在单套侧身链上，然后将W扣上靠近侧身链一侧的2个焊接点焊接在一起（见图2-5-69）。 **注意事项**：注意控制焊接用火和温度，避免将工件焊化。
工序12 单套侧身链 – 煲明矾水二	**任务要求**：对焊接好的单套侧身链进行煲明矾水操作。 **任务制作**：在明矾杯中加入适量的明矾，再加入适量的清水。将焊接好的单套侧身链放入明矾杯，然后用火枪对明矾杯加热，直至在焊接中残留在单套侧身链的W扣焊接点附近的硼砂完全去除干净为止（见图2-5-70）。 **注意事项**：煲明矾水时需要边加热边观察工件表面的状态。

图2-5-67　单套侧身链–焊链完成

图2-5-68　单套侧身链–煲明矾水完成

图2-5-69　单套侧身链–W扣焊接

图2-5-70　单套侧身链–整体煲明矾水完成

任务十八　马鞭链制作

工序5
马鞭链-焊链

任务要求：将每个链颗焊接成一闭合的环。

任务制作：将套好的马鞭链平放在焊瓦上，用镊子、火枪对每个链颗的焊接缝进行焊接，直至将所有的链颗都焊接成闭合的环为止（见图2-5-71）。

注意事项：焊接时需要控制焊接用火和温度，避免将链颗焊化；焊接完要仔细地检查一遍侧身链上的每一个焊接缝。

工序6
马鞭链-
煲明矾水

任务要求：对焊接好的马鞭链进行煲明矾水操作。

任务制作：在明矾杯中加入适量的明矾，再加入适量的清水。将焊接好的马鞭链放入明矾杯，然后用火枪对明矾杯加热，直至在焊接中残留在马鞭链焊接点附近的硼砂完全去除干净为止（见图2-5-72）。

注意事项：煲明矾水时需要边加热边观察工件表面的状态。

工序7
马鞭链-过磷酸

任务要求：将加热后的马鞭链过一遍磷酸。

任务制作：将马鞭链平放在焊瓦上，用煤气焊枪对马鞭链加热，直至材料表面颜色变得微红，然后迅速用镊子将马鞭链夹起，放入准备好的经稀释的磷酸溶液中冷却（见图2-5-73）。

注意事项：加热过程中注意观察马鞭链材料表面的颜色变化。

工序17
马鞭链-焊接
链扣

任务要求：将制作好的链扣焊接到马鞭链的两端。

任务制作：将马鞭链平放在焊瓦上，用反弹夹、镊子等焊接工具，将制作好的链扣焊接到马鞭链的两端（见图2-5-74）。

注意事项：焊接过程中要注意焊接用火和温度，避免将工件焊化；焊接是要将工件的相对位置摆放正确。

图2-5-71　马鞭链-焊链

图2-5-72　马鞭链-煲明矾水完成

图2-5-73　马鞭链-过磷酸

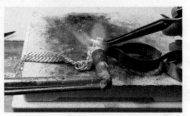

图2-5-74　马鞭链-焊接链扣

任务十九　肖邦链制作	
工序 5 肖邦链－焊链	**任务要求**：对肖邦链的链颗逐个进行焊接，将链颗焊接成闭合的圈。 **任务制作**：将处理好的肖邦链的链颗摆放在焊瓦上，用火枪对链颗逐个进行焊接，将所有链颗都焊接成闭合的圈（见图2-5-75）。 **注意事项**：焊接过程中要注意焊接用火和温度，避免将工件焊化。
工序 7 肖邦链－链颗 退火、煲明矾水	**任务要求**：对焊接好的肖邦链的链颗进行煲明矾水操作。 **任务制作**：在焊瓦上用火枪对肖邦链的链颗进行退火操作。在明矾杯中加入适量的明矾，再加入适量的清水。将焊接好的肖邦链的链颗放入明矾杯，然后用火枪对明矾杯加热，直至在焊接中残留在肖邦链链颗的焊接点附近的硼砂完全去除干净为止（见图2-5-76）。 **注意事项**：煲明矾水时需要边加热边观察工件表面的状态。
工序 14 肖邦链－链扣 材料焊接	**任务要求**：将制好型的链扣材料焊接成一个闭口的方框。 **任务制作**：将制好型的链扣材料放在焊瓦上，用反弹夹固定好，再用火枪对材料进行焊接，将材料焊接成一个闭口的方框（见图2-5-77）。 **注意事项**：焊接过程中要注意焊接用火和温度，避免将工件焊化。
工序 15 肖邦链－链扣 煲明矾水	**任务要求**：对焊接好的肖邦链的链扣进行煲明矾水操作。 **任务制作**：在明矾杯中加入适量的明矾，再加入适量的清水。将焊接好的肖邦链的链扣放入明矾杯，然后用火枪对明矾杯加热，直至在焊接中残留在肖邦链链扣的焊接点附近的硼砂完全去除干净为止（见图2-5-78）。 **注意事项**：煲明矾水时需要边加热边观察工件表面的状态。
工序 20 肖邦链－链扣 卡槽焊接 	**任务要求**：将准备好的链扣卡槽材料焊接到链扣内壁的合适位置。 **任务制作**：将两段链扣的卡槽材料摆放在链扣内壁的合适位置，然后用反弹夹固定好，再用火枪进行焊接，将两段卡槽材料焊接在卡扣的内壁上；焊接时也可以将两段卡槽材料分别进行焊接（见图2-5-79）。 **注意事项**：焊接前工件的相对位置要摆放并固定好；焊接时需控制焊接用火和温度，避免将工件焊化。
工序 22 肖邦链－链扣 卡扣焊接 	**任务要求**：将准备好的链扣卡扣材料焊接到链扣内壁的合适位置。 **任务制作**：将两块链扣的卡扣材料摆放在链扣内壁的合适位置，然后用反弹夹固定好，再用火枪进行焊接，将两段卡扣材料焊接在卡扣的内壁上；焊接时也可以将两段卡扣材料分别进行焊接（见图2-5-80）。 **注意事项**：焊接前工件的相对位置要摆放并固定好；焊接时需控制焊接用火和温度，避免将工件焊化。

任务十九 肖邦链制作

工序23
肖邦链–链扣
煲明矾水

任务要求：对焊接好的肖邦链的链扣的两部分进行煲明矾水操作。

任务制作：在明矾杯中加入适量的明矾，再加入适量的清水。将焊接好的肖邦链的链扣的两部分放入明矾杯，然后用火枪对明矾杯加热，直至在焊接中残留在肖邦链链扣的焊接点附近的硼砂完全去除干净为止（见图2–5–81）。

注意事项：煲明矾水时需要边加热边观察工件表面的状态。

工序28
肖邦链–手链、
链扣焊接

任务要求：将制作好的两段链扣焊接到肖邦链的两端。

任务制作：用平头钳将制作好的两段链扣套在肖邦链的两端并套牢，然后用火枪进行焊接，将两段链扣焊接到手链的两端（见图2–5–82）。

注意事项：焊接前工件的相对位置要摆放并固定好；焊接时需控制焊接用火和温度，避免将工件焊化。

工序29
肖邦链–手链
煲明矾水

任务要求：对焊接好的肖邦链整体进行煲明矾水操作。

任务制作：在明矾杯中加入适量的明矾，再加入适量的清水。将焊接好的肖邦链整体放入明矾杯，然后用火枪对明矾杯加热，直至在焊接中残留在肖邦链链扣的焊接点附近的硼砂完全去除干净为止（见图2–5–83）。

注意事项：煲明矾水时需要边加热边观察工件表面的状态。

图2–5–75 肖邦链–焊链

图2–5–76 肖邦链链颗–
煲明矾水完成

图2–5–77 肖邦链–链扣材料焊接

图2–5–78 肖邦链链扣–煲
明矾水完成

图2–5–79 肖邦链–链扣卡槽焊接

图2–5–80 肖邦链–链扣卡扣焊接

图2–5–81 肖邦链链扣–煲
明矾水完成

图2–5–82 肖邦链–手链、链扣焊接

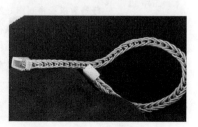

图2–5–83 肖邦链整体–煲
明矾水完成

任务二十　球形耳坠制作

工序	内容
工序5 球形耳坠 – 半球焊接 	**任务要求**：将4个半球焊接成2个完整的小球。 **任务制作**：借助一个螺帽，将一个半球平面向上平放在螺帽上，在加热状态下将蘸好硼砂的另一个半球对接在摆放好的半球上方，然后用火枪焊接，将2个半球焊接成一个标准的球体。然后再焊接另外一个球体（见图2-5-84）。 **注意事项**：焊接前工件的相对位置要摆放并固定好；焊接时需控制焊接用火和温度，避免将工件焊化。
工序6 球形耳坠 – 煲明矾水	**任务要求**：对焊接好的球体进行煲明矾水操作。 **任务制作**：在明矾杯中加入适量的明矾，再加入适量的清水。将焊接好的球体放入明矾杯，然后用火枪对明矾杯加热，直至在焊接中残留在球体的焊接点附近的硼砂完全去除干净为止（见图2-5-85）。 **注意事项**：煲明矾水时需要边加热边观察工件表面的状态。
工序7 球形耳坠 – 焊辅助抛光杆	**任务要求**：将辅助抛光杆焊接到球体的合适位置。 **任务制作**：先准备好2个粗细为2.35mm的铜柱，再采用点面焊的方法将这2个铜柱焊接到2个球体上的合适位置（见图2-5-86）。 **注意事项**：焊接前工件的相对位置要摆放并固定好；辅助抛光杆要与球体表面垂直；焊接时需控制焊接用火和温度，避免将工件焊化。
工序10 球形耳坠 – 焊接插环及链扣	**任务要求**：按照设计的图样，将准备好的插环和链扣焊接在一起。 **任务制作**：采用焊链的方法进行耳坠的插环和链扣的焊接（见图2-5-87）。 **注意事项**：焊接时需控制焊接用火和温度，避免将工件焊化。
工序11 球形耳坠 – 插环煲明矾水	**任务要求**：对焊接好的球形耳坠的插环进行煲明矾水操作。 **任务制作**：在明矾杯中加入适量的明矾，再加入适量的清水。将焊接好的球形耳坠的插环放入明矾杯，然后用火枪对明矾杯加热，直至在焊接中残留在球形耳坠插环的焊接点附近的硼砂完全去除干净为止（见图2-5-88）。 **注意事项**：煲明矾水时需要边加热边观察工件表面的状态。
工序12 球形耳坠 – 焊接插环及小球	**任务要求**：将制作好的插环焊接到球体上合适的位置。 **任务制作**：将球体放在辅助固定工具螺帽上，然后用反弹夹夹着准备好的插环，用点面焊的焊接方法，将插环焊接到球体上合适的位置（见图2-5-89）。 **注意事项**：焊接前工件的相对位置要摆放并固定好；焊接时需控制焊接用火和温度，避免将工件焊化。

任务二十 球形耳坠制作

工序 13
球形耳坠 –
耳坠整体煲明矾水

任务要求： 对焊接好的球形耳坠整体进行煲明矾水操作。

任务制作： 在明矾杯中加入适量的明矾，再加入适量的清水。将焊接好的球形耳坠整体放入明矾杯，然后用火枪对明矾杯加热，直至在焊接中残留在球形耳坠的焊接点附近的硼砂完全去除干净为止（见图2-5-90）。

注意事项： 煲明矾水时需要边加热边观察工件表面的状态。

图2-5-84 球形耳坠–半球焊接

图2-5-85 球形耳坠–煲明矾水完成

图2-5-86 球形耳坠–焊接辅助抛光杆

图2-5-87 球形耳坠–焊接插环及链扣

图2-5-88 球形耳坠的插环–煲明矾水完成

图2-5-89 球形耳坠–焊接插环及小球

图2-5-90 球形耳坠整体–煲明矾水完成

任务二十一 篮球吊坠制作

工序 5
篮球吊坠 – 焊接半球及辅助抛光杆

任务要求： 将2个半球焊接成一个球体；再将辅助抛光杆焊接到球体上合适的位置。

任务制作： 借助一个螺帽，将一个半球平面向上平放在螺帽上，在加热状态下将蘸好硼砂的另一个半球对接在摆放好的半球上方，然后用火枪焊接，将2个半球焊接成一个标准的球体。再采用点面焊的方法将辅助抛光杆焊接到球体上的合适位置（见图2-5-91）。

注意事项： 焊接前工件的相对位置要摆放并固定好；辅助抛光杆要与球体表面垂直；焊接时需控制焊接用火和温度，避免将工件焊化。

任务二十一　篮球吊坠制作

工序 6 篮球吊坠 – 煲明矾水 	**任务要求：**对焊接好的篮球吊坠进行煲明矾水操作。 **任务制作：**在明矾杯中加入适量的明矾，再加入适量的清水。将焊接好的篮球吊坠放入明矾杯，然后用火枪对明矾杯加热，直至在焊接中残留在篮球吊坠的焊接点附近的硼砂完全去除干净为止（见图 2–5–92）。 **注意事项：**煲明矾水时需要边加热边观察工件表面的状态。
工序 9 篮球吊坠 – 取下 辅助抛光杆	**任务要求：**将辅助抛光杆取下。 **任务制作：**先用反弹夹夹住辅助抛光杆，然后对抛光杆和球体的连接处加热，直至将辅助抛光杆取下（见图 2–5–93）。 **注意事项：**焊接时需控制焊接用火及温度。
工序 12 篮球吊坠 – 制 作、焊接吊坠环	**任务要求：**将制作好的吊坠环焊接到球体上的合适位置。 **任务制作：**将球体放在辅助焊接螺帽上，用反弹夹夹住准备好的吊坠环，然后采用点面焊的焊接方法将吊坠环焊接到球体上合适位置（见图 2–5–94）。 **注意事项：**焊接时需控制焊接用火和温度，避免将工件焊化。
工序 13 篮球吊坠 – 吊坠 煲明矾水	**任务要求：**对焊接好的篮球吊坠整体进行煲明矾水操作。 **任务制作：**在明矾杯中加入适量的明矾，再加入适量的清水。将焊接好的篮球吊坠整体放入明矾杯，然后用火枪对明矾杯加热，直至在焊接中残留在篮球吊坠的焊接点附近的硼砂完全去除干净为止（见图 2–5–95）。 **注意事项：**煲明矾水时需要边加热边观察工件表面的状态。

图 2–5–91　篮球吊坠 – 焊接半球及辅助抛光杆

图 2–5–92　球形耳坠 – 煲明矾水完成

图 2–5–93　篮球吊坠 – 取下辅助抛光杆

图 2–5–94　篮球吊坠 – 制作、焊接吊坠环

图 2–5–95　球形耳坠整体 – 煲明矾水完成

任务二十二 如意算盘制作

工序5 如意算盘－制作 算珠（焊接） 	任务要求：将锯下来的算珠逐个进行焊接，将算珠焊接成闭口的小环。 任务制作：将处理好的算珠放在焊瓦上，用火枪对算珠进行焊接，直至将所有的算珠都焊接成闭口的小环为止（见图2-5-96）。 注意事项：焊接时需要控制焊接用火和温度，避免将算珠焊化。
工序6 如意算盘－制作 算珠（煲明矾水）	任务要求：对焊接好的算珠进行煲明矾水操作。 任务制作：在明矾杯中加入适量的明矾，再加入适量的清水。将焊接好的算珠放入明矾杯，然后用火枪对明矾杯加热，直至在焊接中残留在算珠焊接点附近的硼砂完全去除干净为止（见图2-5-97）。 注意事项：煲明矾水时需要边加热边观察工件表面的状态。
工序11 如意算盘－制作算盘框、梁（焊接）	任务要求：将准备好的用于制作算盘横框的材料焊接在一起，再将算盘的竖框的材料焊接在一起。 任务制作：将3块算盘横框的相对位置摆放好，用反弹夹固定好，然后用火枪进行焊接，将3块材料焊接在一起。同样的方法将2块算盘竖框的材料焊接在一起（见图2-5-98）。 注意事项：焊接时需要控制焊接用火和温度，避免将材料焊化。
工序12 如意算盘－制作算盘框、梁（煲明矾水）	任务要求：对焊接在一起的算盘框、梁进行煲明矾水操作。 任务制作：在明矾杯中加入适量的明矾，再加入适量的清水。将焊接在一起的算盘框、梁放入明矾杯，然后用火枪对明矾杯加热，直至在焊接中残留在算盘框、梁焊接点附近的硼砂完全去除干净为止（见图2-5-99）。 注意事项：煲明矾水时需要边加热边观察工件表面的状态。
工序17 如意算盘－制作算盘框、梁（焊开零件）	任务要求：将算盘横框材料焊开。 任务制作：将修整好的算盘横框放在焊瓦上，用火枪对材料进行焊接操作，直至将3块材料焊开（见图2-5-100）。 注意事项：焊接时需要控制焊接用火和温度。
工序19 如意算盘－制作算盘框、梁（焊开竖框） 	任务要求：将算盘竖框材料焊开。 任务制作：将修整好的算盘竖框放在焊瓦上，用火枪对材料进行焊接操作，直至将两块材料焊开（见图2-5-101）。 注意事项：焊接时需要控制焊接用火和温度。

任务二十二　如意算盘制作

工序 20 如意算盘 – 制作 算盘框、梁 （零件煲明矾水） 	**任务要求**：对焊开的算盘框、梁进行煲明矾水操作。 **任务制作**：在明矾杯中加入适量的明矾，再加入适量的清水。将焊开的算盘框、梁放入明矾杯，然后用火枪对明矾杯加热直至在焊接中残留在算盘框、梁表面的硼砂完全去除干净为止（见图 2-5-102）。 **注意事项**：煲明矾水时需要边加热边观察工件表面的状态。
工序 22 如意算盘 – 焊 接算盘框 	**任务要求**：按照设计的图样，将算盘的 4 个边框焊接在一起。 **任务制作**：将算盘的 4 个边框放在焊瓦上，用镊子、火枪按照设计的图样将算盘的 4 个边框焊接成一不闭合的长方形（见图 2-5-103）。 **注意事项**：焊接时要控制焊接用火和温度，避免将材料焊化；焊接时要借助一些辅助工具来固定工件。
工序 23 如意算盘 – 焊 接算盘梁 	**任务要求**：将准备好的算盘梁焊接到算盘框中的合适位置。 **任务制作**：将焊接好的算盘框放在焊瓦上，再将算盘梁摆放在长方形算盘框内的合适位置，然后用火枪进行焊接，将算盘梁焊接到长方形的算盘框中的合适位置（见图 2-5-104）。 **注意事项**：焊接时要控制焊接用火和温度，避免将材料焊化；焊接时要借助一些辅助工具来固定工件。
工序 24 如意算盘 – 制 作算盘框、梁 （整体煲明矾水） 	**任务要求**：对焊接好的算盘框架进行煲明矾水操作。 **任务制作**：在明矾杯中加入适量的明矾，再加入适量的清水。将焊接好的算盘框架放入明矾杯，然后用火枪对明矾杯加热，直至在焊接中残留在算盘框架上焊接点附近的硼砂完全去除干净为止（见图 2-5-105）。 **注意事项**：煲明矾水时需要边加热边观察工件表面的状态。
工序 29 如意算盘 – 焊 接吊坠扣 	**任务要求**：将准备好的吊坠扣焊接到算盘框上的合适位置。 **任务制作**：将算盘框架垂直放置在焊瓦上，用反弹夹夹住吊坠扣，采用点面焊的焊接方法将吊坠扣焊接到算盘框上的合适位置（见图 2-5-106）。 **注意事项**：焊接时要控制焊接用火和温度，避免将工件焊化；吊坠扣的焊接位置要合理。
工序 30 如意算盘 – 焊 接瓜子扣 	**任务要求**：将制作好的瓜子扣焊接到吊坠扣上。 **任务制作**：将瓜子扣穿在吊坠扣上，然后用火枪将瓜子扣的尖部焊接在一起，形成一个闭合的瓜子扣（见图 2-5-107）。 **注意事项**：焊接时要控制焊接用火和温度，避免将工件焊化。

任务二十二 如意算盘制作

工序 31 如意算盘－煲 明矾水 	**任务要求：**对焊接好吊坠扣和瓜子扣的算盘进行煲明矾水操作。 **任务制作：**在明矾杯中加入适量的明矾，再加入适量的清水。将焊接好吊坠扣和瓜子扣的算盘放入明矾杯，然后用火枪对明矾杯加热直至在焊接中残留在吊坠扣和瓜子扣焊接点附近的硼砂完全去除干净为止（见图2-5-108）。 **注意事项：**煲明矾水时需要边加热边观察工件表面的状态。
工序 37 如意算盘－煲 明矾水 	**任务要求：**对制作好的算盘整体进行煲明矾水操作。 **任务制作：**在明矾杯中加入适量的明矾，再加入适量的清水。将焊接完算盘档的算盘放入明矾杯，然后用火枪对明矾杯加热，直至在焊接中残留在算盘档焊接点附近的硼砂完全去除干净为止（见图2-5-109）。 **注意事项：**煲明矾水时需要边加热边观察工件表面的状态。

图2-5-96 如意算盘－制作
算珠（焊接）

图2-5-97 如意算盘－制作
算珠（煲明矾水）完成

图2-5-98 如意算盘－制作算
盘框、梁（焊接）

图2-5-99 如意算盘－制作
算盘框、梁（煲明矾水）完成

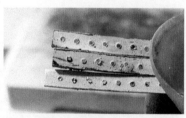

图2-5-100 如意算盘－制作算盘框、
梁（焊开零件）

图2-5-101 如意算盘－制作算盘框、
梁（焊开竖框）

图2-5-102 如意算盘－制作
算盘框、梁（零件煲明矾水）完成

图2-5-103 如意算盘－焊接
算盘框

图2-5-104 如意算盘－焊接
算盘梁

图 2-5-105 如意算盘-制作算盘框、梁（整体煲明矾水）完成

图 2-5-106 如意算盘-焊接吊坠扣

图 2-5-107 如意算盘-焊接瓜子扣

图 2-5-108 如意算盘整体煲明矾水

图 2-5-109 如意算盘-整体煲明矾水完成

练习六　锤子及钳子的使用 →

一、 常用工具及使用方法

1. 常用工具介绍

（1）锤子　锤子（见图2-6-1）是锤打材料的主要工具，规格有多种，使用时因人而异，以手感合适、锤打作用明显（即能使材料变形）为好。锤子的头部周边要低，中间略凸，锤面光滑，如果有条件可进行热处理（需钢材制成的），以提高硬度，延长使用寿命。

（2）砧子　砧子（见图2-6-2）是锤打材料的重要工具。其形状为圆柱体，也可为立方体，前者作业面直径约为10cm，后者作业面在10cm×10cm左右。砧子面要平整、光滑，边线为倒弧形。钢材制成的砧子有条件时可进行热处理，以提高硬度，延长使用寿命。

图2-6-1　锤子

图2-6-2　砧子

（3）砧芯　砧芯（见图2-6-3）是锤打材料的辅助工具。若锤打变形为圆、弧状，则用圆柱芯；若变形为方、扁状，则用长方柱芯。为保证砧芯不变形，常用钢材制成，经热处理后打磨光滑。

（4）钳子　钳子（见图2-6-4）是锤打材料的辅助工具，在锤打变形过程中用以夹持材料。其品种有扁头钳、尖头钳，也有专门的夹钳、手虎钳。另外，可以备一把不锈钢长镊子钳，用于退火时夹持材料。

图2-6-3　砧芯

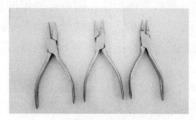
图2-6-4　钳子

（5）胶锤、木锤、皮锤、戒指铁、耳环铁、手镯棒、羊角砧、坑铁等其他工具　在进行戒指、手镯的校正操作的时候，需要使用胶锤、木锤、皮锤（见图2-6-5）、戒指铁、耳环铁及手镯棒（见图2-6-6）等工具。

另外在制作一些形状比较特殊的工件的时候，可以还需要使用羊角砧、其他形态的砧子（见图2-6-7）、坑铁（见图2-6-8）。

图2-6-5　胶锤、木锤、皮锤

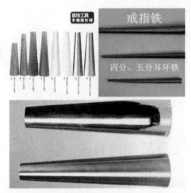

图2-6-6　戒指铁、耳环铁及手镯棒

图2-6-7　各种形态的砧子

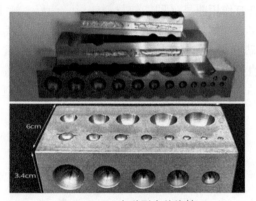

图2-6-8　各种形态的坑铁

2. 工具的使用方法

（1）选择合适的锤子　首先要根据所要进行的操作选择合适的锤子。一般情况下，延展材料、锤打几何形状需要使用大小合适的铁锤。进行材料、工件校正操作时，如果在材料或工件表面留下锤打的痕迹不影响下一步操作时，可以使用铁锤；如果在材料或工件表面留下锤打的痕迹影响下一步操作时，则需视具体情况，在胶锤、木锤或皮锤中选择一种使用。

（2）选择合适的其他工具　锤子选择好之后，需要根据所要进行的锤打操作选择合适的其他工具，如延展材料、锤打几何形状，则需要使用形状、大小合适的砧子。如果要使用铁锤进行校正操作，则需要使用形状、大小合适的砧子。如果要使用胶锤（木锤或皮锤）进行校正操作，则需要使用木墩子、戒指铁或手镯棒。如果要对材料锤打进行制型操作，则需要使用砧芯、坑铁、羊角砧等工具。

（3）退火　在锤打之前及过程中需要适时地对材料或工件进行退火操作，以避免材料、工件的表面在锤打过程中因内应力太大而出现裂痕。另外，在使用火枪进行退火操作的时候应注意安全。

（4）锤打　一手持锤，另一手持材料（工件）或砧芯等工具，对材料或工件进行相应的锤打操作，通过不断地锤打使其达到预期的效果。

二、 基本操作示例

1. 锤打平面材料

（1）平片材料的处理　这是锤打工艺中最常见的技术。当把材料从卷曲的材料上剪下后，需要锤平；即便是平面度较好的材料剪切后，周边也会起伏卷曲，同样需要锤平。这种锤打方法的基本要点是：根据锤打材料的面积，选择锤子和砧子的大小，若面积大，工具要大，反之则小一些。同时，还要根据锤打材料的厚度，选择锤子的重量，若材料厚，锤子要重，反之则轻一些。锤打的顺序为：先处理起伏或卷曲最大的部位，然后处理起伏或卷曲较小的部位，直至全部平整。如果需要较长时间锤打材料，就要注意观察材料的硬度变化，若出现表面有细小裂纹或弹性增强时，应对材料进行退火处理，消除内应力后再锤打。

（2）伸长材料处理　这是锤打工艺中把尺寸放长的技术。例如，把较厚的块料或粗圆条锤打变形至较薄、较长的片状或细圆状材料。这种锤打方法的基本要点是：根据锤打材料的宽度，选择宽度合适（比材料略宽）的刀形锤子；同时，还要选择带直角形（但不能呈刀口状，要呈弧形）的砧子。操作时，把锤打材料放置在砧子的直角处，用锤子的刀形部锤打材料，使材料受到正反两面的挤压而变形，即由厚变薄，由粗变细。这一工艺的关键是：要掌握砧子与锤子的配合角度。如果两者不在最佳位置（为一条线）上，效果就差。锤打的力度大小也与效果有关，力大则易变形，力小则不易变形。

（3）展薄材料处理　这是锤打工艺中把使用面积扩展的技术。其方法主要有两种：一种是材料中间厚度不变，四周变薄；另一种是材料全部变薄。虽然它与伸长材料处理方法有相似之处，即都是把较厚的材料变形为较薄的材料，但伸长的材料处理方法是以扩展长度为主，而展薄材料处理方法是同时扩展长度与宽度。从工具的选择上也可以看出差别，展薄时锤子以圆形为好，锤面中间略凸，整个面要光顺（便于修整）；砧子可方可圆，但砧面要中间略凸和光顺。操作时，将需要展薄的部位放在砧子凸起的位置上，先用锤子的刀形部位锤打，使材料受到正反两面的挤压而变形，由厚变薄，然后用圆形锤头去修整，直至达到要求。

2. 锤打几何形状材料

（1）锤打方形　这是锤打工艺中使材料成为方条或方块状的技术。例如，将一段圆形条料放在砧子上捶打变形为呈4个直角的立体方条或方块。这种锤打的基本要点是：锤子的大小和重量的选择要足够使材料变形，砧面和锤子的锤打面要平整。锤打时，先打出两个平面，然后转90°打出另外两个平面。这一技术的关键是：每条直角边要锤打成一条直线，这样才能保证方条或方块两端相同，否则会呈A形或V形。

（2）锤打圆形　这是锤打工艺中使材料成为圆柱状的技术。例如，将一段方形条料放在砧子上锤打变形为圆柱状或圆弧状。这种锤打方法的基本要点是：锤子的大小和重量的选择要比锤打的材料略大，以使材料变形。锤打时，先将带角的部位敲平，然后一边旋转材料一边锤打，使材料呈圆柱状。这一技术的关键是：锤打时用力要均匀，锤打后弧形应光滑，不凹瘪或凸肚；旋转材料时与锤子的锤打速度要协调好，太快不易成型，太慢则易产生凹瘪或凸肚的弊端。

3. 校正

校正就是通过锤打的方式将形状不标准的工件校正成符合要求的标准形状的操作。即使用合适的锤子，然后把要校正的工件放在合适的砧子、台面或戒指铁（手镯棒）上，通过对工件上合适的位置进行力度合适的锤打，将工件校正成标准形状的过程。

三、 相关知识拓展

锤打材料时，首先要根据变形要求正确选择锤子形状。锤子形状多种多样，重量有轻有重，形状有大有小，锤面有宽有窄。选择锤子的形状及重量与需要锤打变形的情况有关，如锤打整理平面材料，应选择锤面大一些、头部光滑些的锤子；如锤打成圆形材料，应选择直径大一些的锤子。另外，还可以根据每个人的用力习惯选择锤子的重量，用力较大的，锤子重量要适当减轻一些；用力较小的，锤子的重量要适当增加一些。

同时，还要注意与其他工具的匹配，如砧子、砧芯与锤子要匹配，一般锤子形状和重量大，砧子就要选择大一些，否则砧子会跳动，影响操作；而砧芯较细、较薄，就选择形状小且重量轻一些的锤子，否则砧芯易变性和断碎。

锤打材料时，要熟悉被锤打变性材料的特性。制作贵金属首饰的材料以铂、金、银为主，这3类材料的基本特性存在差异，硬度是铂最高，银最低；延展性是金最好，银较差；耐热性是铂最好，银最差。铂、金、银的合金材料的特性差异较大。例如，千足金在锤打变形中，可以较长时间不退火（高温加热后，可直接锤打，也可慢慢地冷却）且不碎裂；而14K金稍锤打变形一下，就须退火，否则易碎裂。

锤打变形基础工艺要求主要有3个方面：

第一是要求锤打落点准确。无论是平面整理，还是延展伸长，都是一下一下地锤打出来的，而且必须每一下都打在需要的部位，否则不仅不能达到要求，还会适得其反。如将平片锤打变形至方形时，落点准确与否直接关系到成型的角度和大小，落点失准会出现直角不直、平面起伏、尺寸两端有大小等现象。

第二是要求锤打力度合理。一个产品零件或一个产品外形，都需要无数次的锤打，在变形过程中锤打的力度并不是始终如一的，有时需要较大的力度，有时则需要一般的力度或较小的力度。选择合理的锤打力度可以提高效率，保证质量。如将原料锤打变形成薄片时，开始要用较大的力度，当变形至接近尺寸时，力度可以减小些，然后再用一般的力度对整个变形面进行修整，直至达到要求。

第三是要求锤打速度均匀。在锤打过程中，初学者往往对速度不够注意，开始时速度较快，用力时间一长，力不从心，便放慢了速度。这样在被锤打的材料上会出现厚薄不匀、锤打点疏密不均的现象。在加工一些只能靠锤打成型的产品（有弧度）时，出现这些问题不但不美观，而且还影响质量。

四、 练习任务

任务四　万字链制作	
工序 3 万字链 – 选链芯 	**任务要求**：根据设计要求，选择合适粗细的链芯。 **任务制作**：根据制作万字链使用铜线的粗细及设计要求，选择合适粗细的链芯（见图2-6-9）。 **注意事项**：链芯的选择要符合设计、制作要求。
工序 4 万字链 – 绕链	**任务要求**：在选定的链芯上进行绕链操作。 **任务制作**：在选定的链芯上，用绕链的方法将退完火的铜线密集地绕在链芯上，形成一个铜线的"弹簧"（见图2-6-10）。 **注意事项**：绕链要紧密。
工序 6 万字链 – 套链	**任务要求**：将锯下来的链颗套成万字链。 **任务制作**：按照万字链的套链原则，将锯下来的链颗套在一起（见图2-6-11）。 **注意事项**：套完链时要将链颗的开口对在一起。

任务四　万字链制作

工序 8
万字链－S 扣
制作及焊接

任务要求：制作一个 S 型的链扣并焊接到万字链上。

任务制作：剪下一小段铜线，使用 2 个圆头钳，制作出一个 S 型链扣；将链扣套到万字链的一端，然后将 S 扣上的焊接点焊死（见图 2-6-12）。

注意事项：为使 S 型扣制作得更加美观，在使用圆头钳时需注意绕线的位置及高度。

图 2-6-9　万字链－选链芯

图 2-6-10　万字链－绕链完成

图 2-6-11　万字链－套链

图 2-6-12　万字链－S 扣制作

任务五　钉子戒指制作

工序 5
钉子戒指－
校圆

任务要求：将钉子戒指校圆。

任务制作：将钉子戒指套在戒指铁上，将戒指铁的头部插到工作台侧面的孔洞中，用胶锤锤打戒指圈的四周，使戒指的形态标准（见图 2-6-13）。

注意事项：校圆时要边锤打边向戒指铁上比较粗的方向撸；校圆需要正、反向各进行一次。

任务六　四叶草戒指制作

工序 9
四叶草戒指－
戒指圈制圆

任务要求：将四叶草戒指校圆。

任务制作：将四叶草戒指套在戒指铁上，将戒指铁的头部插到工作台侧面的孔洞中，用胶锤锤打戒指圈的四周，使戒指的形态标准（见图 2-6-14）。

注意事项：校圆时要边锤打边向戒指铁上比较粗的方向撸；校圆需要正、反向各进行一次。

图 2-6-13　钉子戒指-校圆

图 2-6-14　四叶草戒指-戒指圈制圆

任务七　球形耳钉制作

工序 3
球形耳钉 - 材料制型

任务要求：将准备好的片状材料制成半球型。

任务制作：将裁剪下来的材料放在坑铁上合适的圆形坑内，搭配铁锤用合适大小的冲头窝作对材料进行制型操作，将材料制成半球型（见图 2-6-15、图 2-6-16）。

注意事项：在制型过程中需在合适的时间对材料进行退火操作，以防材料出裂。

图 2-6-15　球形耳钉-材料制型准备

图 2-6-16　球形耳钉-材料制型

任务九　奔驰标吊坠制作

工序 17
奔驰标吊坠 - 外圈校圆

任务要求：将奔驰标吊坠的外圈校圆。

任务制作：将奔驰标吊坠的外圈套在戒指铁上，将戒指铁的头部插到工作台侧面的孔洞中，用铁锤锤打外圈的四周，使外圈的形态标准（见图 2-6-17）。

注意事项：校圆时要边锤打边向戒指铁上比较粗的方向撸；校圆需要正、反向各进行一次。

任务十　字符吊坠制作

工序 10
字符吊坠 - 绕链、锯链

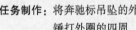

任务要求：使用准备好的铜线制作一个吊坠扣。

任务制作：用准备好的铜线在合适的链芯上进行绕链操作，再用线锯将绕好的链锯下来（见图 2-6-18）。

注意事项：绕链时只需要绕 2 圈即可。

图2-6-17　奔驰标吊坠—外圈校圆　　　　图2-6-18　字符吊坠—绕链

任务十一　盒子制作

工序 12
盒子–盒子
盖制型

任务要求：将准备好的盒子盖材料制成弧型。
任务制作：将准备好的盒子盖材料放在坑铁上合适的弧形坑中，搭配铁锤用较粗的冲头窝作对材料进行制型操作（见图2-6-19）。
注意事项：在制型过程中需对材料进行适时的退火操作。

工序 22
盒子–管料制型

任务要求：将准备好的合页管材料制成弧型。
任务制作：将准备好的合页管材料放在坑铁上合适的弧形坑中，搭配铁锤用较粗的冲头窝作对材料进行制型操作（见图2-6-20）。
注意事项：在制型过程中需对材料进行适时的退火操作。

工序 33
盒子–试合页

任务要求：将准备好的细铜线穿进制作好的合页管中进行测试。
任务制作：将制作好的盒子盖和盒子底按照设计对在一起，使2个工件上的5段合页管成一条直线，然后用平头钳将准备好的细铜线穿进合页管中进行测试（见图2-6-21）。
注意事项：穿线前一定要保证5段合页管在一条直线上。

工序 34
盒子–制作
盒子扣

任务要求：按照设计要求，用准备好的薄铜片制作一个盒子扣。
任务制作：按照设计要求，在准备好的薄铜片上画出盒子扣的草图，然后用铁皮剪刀将薄铜片上的图样裁剪下来，再用合适形状的油光锉对盒子扣进行适当的修整，保证盒子扣各部分的精确性（见图2-6-22）。
注意事项：制作前要先画好图样并按照图样进行盒子扣的制作；修整时要边修整边与盒子扣管进行比对。

工序 42
盒子–合页穿线

任务要求：将准备好的细铜线穿进制作好的合页管中，并将多余的部分剪掉。
任务制作：将抛光完成的盒子盖和盒子底按照设计对在一起，使2个工件上的5段合页管成一条直线，然后用平头钳将准备好的细铜线穿进合页管中，并将多余的部分剪掉（见图2-6-23）。
注意事项：穿线前一定要保证5段合页管在一条直线上。

 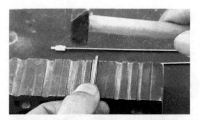

图2-6-19　盒子-盒子盖制型　　　　图2-6-20　盒子-管料制型

图2-6-21　盒子-试合页　　　图2-6-22　盒子-制作盒子扣完成　　　图2-6-23　盒子-合页穿线

任务十二　弧面戒指制作

工序4 弧面戒指- 戒指圈制圆 	**任务要求：**对弧面戒指的戒指圈进行校圆操作。 **任务制作：**将弧面戒指的戒指圈材料放在戒指铁上，将材料压成一个大致的圆圈，然后将戒指铁的头部插到工作台侧面的孔洞中，用胶锤锤打戒指圈材料的两端，使戒指圈的整体形态接近圆形（见图2-6-24）。 **注意事项：**校圆操作的目的是使戒指圈材料的形态成为圆形的同时使材料两端的平面能严实地对接在一起。
工序7 弧面戒指- 戒指圈校圆	**任务要求：**将弧面戒指校圆。 **任务制作：**将弧面戒指套在戒指铁上，将戒指铁的头部插到工作台侧面的孔洞中，用胶锤锤打戒指圈的四周，使戒指的形态标准（见图2-6-25）。 **注意事项：**校圆时要边锤打边向戒指铁上比较粗的方向撸；校圆需要正、反向各进行一次。

图2-6-24　弧面戒指-戒指圈制圆　　　　图2-6-25　弧面戒指-戒指圈校圆

任务十三　编织戒指制作

工序3 编织戒指- 编织麻花 	**任务要求：**按照设计要求将5股银线编织成麻花状。 **任务制作：**将5股银线固定在台钳上，按照设计的要求将5股银线编织成麻花状（见图2-6-26）。 **注意事项：**编织时要将麻花编织得紧实些。

任务十三 编织戒指制作

工序 4 编织戒指 – 锤实麻花	**任务要求**：将松散的麻花锤实。 **任务制作**：将编织好的麻花放在台塞或其他木制的材料上，用胶锤将松散的麻花锤成比较密实的形态（见图2-6-27）。 **注意事项**：锤打时需控制好锤打的力度且要沿一个方向进行；要对材料的四周进行锤打。
工序 7 编织戒指 – 锤平 麻花侧面	**任务要求**：将麻花的侧面锤平。 **任务制作**：将已经锤实的麻花退一遍火，然后垫着台塞，用胶锤对麻花的侧面进行锤打，将麻花的侧面锤成比较平的状态（见图2-6-28）。 **注意事项**：锤打时需控制好力度；麻花的2个侧面均需锤打。
工序 10 编织戒指 – 戒圈 材料制圆及 修整焊点	**任务要求**：将编织戒指的戒指圈材料制成圆形。 **任务制作**：将戒指铁插在工作台侧面的插孔中，将戒指圈材料垫在戒指铁上，将材料弯成一个不标准的圆形，然后再用胶锤对戒指圈材料的两端进行锤打，将戒指圈材料锤打成一个形态比较标准的圆形（见图2-6-29）。 **注意事项**：锤打的目的是使戒指圈材料变圆的同时，使材料两端的平面能严实地对接在一起。
工序 13 编织戒指 – 戒指校圆	**任务要求**：将编织戒指校圆。 **任务制作**：将编织戒指套在戒指铁上，将戒指铁的头部插到工作台侧面的孔洞中，用胶锤锤打戒指圈的四周，使戒指的形态标准（见图2-6-30）。 **注意事项**：校圆时要边锤打边向戒指铁上比较粗的方向撸；校圆需要正、反向各进行一次。
工序 17 编织戒指 – 戒指做旧	**任务要求**：对制作好的编织戒指进行做旧处理。 **任务制作**：用小毛笔蘸上银饰做旧水，然后将做旧水均匀地涂抹在编织戒指表面。如果做旧效果不理想，可在戒指表面多涂几遍做旧水（见图2-6-31）。 **注意事项**：涂抹做旧水要均匀。

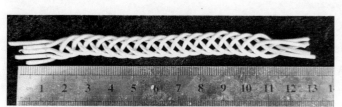

图2-6-26 编织戒指-编织麻花

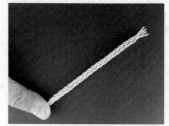

图2-6-27 编织戒指-锤实麻花

图2-6-28　编织戒指-锤平麻花侧面

图2-6-29　编织戒指-戒圈材料
制圆及修整焊点

图2-6-30　编织戒指-戒指校圆

图2-6-31　编织戒指-戒指做旧

任务十四　掐丝戒指制作

工序4 掐丝戒指-编织 花丝辫 	**任务要求**：将扭好的花丝编织成花丝辫（编织方法可观看视频）。 **任务制作**：用台钳将9股花丝固定好，然后按照设计要求，将9股花丝编织成9股麻花辫（见图2-6-32）。 **注意事项**：要将麻花辫编织得紧实些。
工序8 掐丝戒指- 戒圈校圆	**任务要求**：将掐丝戒指的戒圈校圆。 **任务制作**：将掐丝戒指的戒圈套在戒指铁上，将戒指铁的头部插到工作台侧面的孔洞中，用胶锤锤打戒指圈的四周，使戒指的形态标准（见图2-6-33）。 **注意事项**：校圆时要边锤打边向戒指铁上比较粗的方向撸；校圆需要正、反向各进行一次。
工序18 掐丝戒指-花丝 焊接准备	**任务要求**：使用铁丝辅助固定花丝辫的对接缝。 **任务制作**：用钢针在花丝辫上合适的位置扎2个孔，然后将准备好的细铁丝穿过这2个孔，再用平头钳小心地将细铁丝拉紧并扭成结，从而使花丝辫的两端对接在一起满足焊接的要求（见图2-6-34）。 **注意事项**：一定要使用铁丝；拉紧铁丝的过程需小心进行；最终的目的是使花丝辫的两端的对接缝满足焊的要求。
工序20 掐丝戒指-去 焊接辅助铁丝	**任务要求**：将焊接过程中用的铁丝去掉。 **任务制作**：用平头钳将铁丝小心地从花丝辫的缝隙中抽出来，再用钢针将铁丝孔处理掉（见图2-6-35）。 **注意事项**：抽铁丝时要小心进行，避免力量过大而使戒指变形。

任务十四　掐丝戒指制作

**工序 23
掐丝戒指 –
戒指做旧**

任务要求：对制作好的掐丝戒指进行做旧处理。

任务制作：用小毛笔蘸上银饰做旧水，然后将做旧水均匀地涂抹在编织戒指表面。如果做旧效果不理想，可在戒指表面多涂几遍做旧水（见图2-6-36）。

注意事项：涂抹做旧水要均匀。

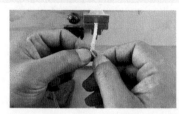

图2-6-32　掐丝戒指–编织花丝辫

图2-6-33　掐丝戒指–戒圈校圆

图2-6-34　掐丝戒指–花丝
焊接准备

图2-6-35　掐丝戒指–去焊接
辅助铁丝

图2-6-36　掐丝戒指–戒指做旧

任务十五　编织手镯制作

**工序 2
编织手镯 –
编织准备**

任务要求：准备出21股长度相同的银线。

任务制作：用钢尺、剪钳，将准备好的银线剪成21股长度相同的银线（见图2-6-37）。

注意事项：在进行剪切前要将银线拉直。

**工序 3
编织手镯 –
编织银带**

任务要求：用21股银线编织出一条银带。

任务制作：先用台钳将21股银线固定好，然后按照设计的要求，将21股银线编织成一条银带（见图2-6-38，编织方法可观看视频）。

注意事项：银带要编织得紧实且均匀。

**工序 4
编织手镯 –
银带校正**

任务要求：将银带校正。

任务制作：将银带平放在木凳上，用胶锤对银带上相应的位置进行锤打，将银带校正（见图2-6-39）。

注意事项：锤打时要控制好力度。

任务十五　编织手镯制作

工序 5 编织手镯 – 裁剪银带	**任务要求**：将银带裁剪到合适的长度。 **任务制作**：按照所要制作手镯的长度要求，用水口钳将银带裁剪成合适的长度（见图2-6-40）。 **注意事项**：裁剪时最好沿编织的缝隙进行。
工序 7 编织手镯 – 银带镶垫层	**任务要求**：给编织好的银带镶垫层。 **任务制作**：将准备好的做垫层的银片放在裁剪好的银带下，用钳子、胶锤对银带进行相应的操作，将垫层镶嵌到银带下面，再用铁皮剪刀将多余的银片剪掉（见图2-6-41）。 **注意事项**：镶嵌垫层的长度要合适。
工序 11 编织手镯 – 手镯校圆	**任务要求**：将编织手镯校圆。 **任务制作**：将编织手镯放在木制的手镯棒上，将编织手镯沿手镯棒的曲面进行弯曲，再用胶锤对手镯的表面进行锤打，使编织手镯的形态美观、大方（见图2-6-42）。 **注意事项**：锤打时需要控制好力度；校圆至少要正反两面各进行一次。

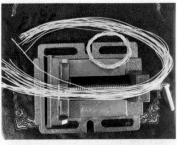
图2-6-37　编织手镯-编织准备

图2-6-38　编织手镯-编织银带

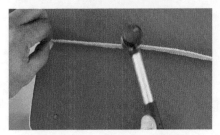
图2-6-39　编织手镯-银带校正

图2-6-40　编织手镯-裁剪银带

图 2-6-41 编织手镯-银带镶垫层

图 2-6-42 编织手镯-手镯校圆

任务十六 麻花手镯制作

工序 2 麻花手镯 – 编 织七股麻花 	任务要求：将准备好的银线编织成 7 股麻花辫。 任务制作：用台钳将准备的 7 股银线固定好，然后按照设计要求将 7 股银线编织成 7 股麻花辫（见图 2-6-43，编织方法可观看视频）。 注意事项：编织的麻花辫要紧实、均匀。
工序 3 麻花手镯 – 锤 实麻花一	任务要求：将松散的麻花辫锤实。 任务制作：将编织好的 7 股麻花辫垫在木凳上，用胶锤将麻花辫锤实（见图 2-6-44）。 注意事项：锤打时需控制好力度。
工序 4 麻花手镯 – 锤 实麻花二	任务要求：进一步锤实麻花。 任务制作：在对麻花退火后，将 7 股麻花垫在垫铁上，用铁锤进一步将麻花辫锤实（见图 2-6-45）。 注意事项：锤打时需控制好力度。
工序 6 麻花手镯 – 锤实手镯	任务要求：将 7 股麻花辫按照所要制作手镯的设计要求锤打成型。 任务制作：将 7 股麻花辫进行退火操作，在材料还处于高温的状态下，用铁锤将麻花辫垫在垫铁进行锤打，将 7 股麻花辫锤打成所要制作手镯的式样（见图 2-6-46）。 注意事项：退火操作要充分；锤打时需要用钳子夹住麻花辫以免烫伤；锤打和退火要间歇进行。
工序 10 麻花手镯 – 手镯校圆	任务要求：将制作好的手镯材料校圆。 任务制作：将制作好的手镯材料垫在木制的手镯棒上，沿手镯棒的曲面进行弯曲、锤打，将材料制成标准的开口手镯（见图 2-6-47）。 注意事项：锤打时需要控制好力度；校圆至少要正反两面各进行一次。

图2-6-43 麻花手镯-编织七股麻花

图2-6-44 麻花手镯-锤实麻花一

图2-6-45 麻花手镯-锤实麻花二

图2-6-46 麻花手镯-锤实手镯

图2-6-47 麻花手镯-手镯校圆

任务十七 单套侧身链制作

工序2 单套侧身链 – 绕链	**任务要求**：对用于制作单套侧身链的线材进行绕链操作。 **任务制作**：选择合适粗细的链芯，用制作单套侧身链的线材在链芯上进行绕链操作，将线材绕成一条"弹簧"（见图2-6-48）。 **注意事项**：绕链要密实。
工序4 单套侧身链 – 套链	**任务要求**：按照单套侧身链的套链方法，将所锯下的链颗套成一条链。 **任务制作**：按照单套侧身链的套链方法，用尖部缠有纸胶带的平头钳进行套链操作，逐个将所锯下来的链颗套在一起，组成一条链（见图2-6-49）。 **注意事项**：套完链时要将链颗的锯口掰正以便焊接。
工序8 单套侧身链 – 扭链	**任务要求**：对制作好的手链进行扭链操作。 **任务制作**：将制作好的手链垫在台塞上，对手链进行扭链操作，将手链扭成一个具有平面形态的手链（见图2-6-50）。 **注意事项**：扭链时需控制好力度，勿使用蛮力，以免将链颗扭断。

任务十七　单套侧身链制作

工序 9 单套侧身链－ W 扣制作 	**任务要求：** 制作一枚 W 型链扣。 **任务制作：** 用准备好的银线及 2 把圆头钳，制作出一枚 W 型链扣（见图 2-6-51，制作方法可观看视频）。 **注意事项：** W 型链扣的制作要美观、大方。
工序 10 单套侧身链－ 修整 W 扣焊接点 	**任务要求：** 对 W 型链扣进行修整，使链扣的焊接点满足焊接要求。 **任务制作：** 用 2 把圆头钳将 W 型链扣的焊接点用力夹紧，使焊接点满足焊接的要求（见图 2-6-52）。 **注意事项：** W 型扣的焊接点有 2 处。
工序 13 单套侧身链－ 手链校平 	**任务要求：** 将单套侧身链校平。 **任务制作：** 将制作好的单套侧身链套在木制的手镯棒上，用胶锤对手链上的链颗进行锤打，将手链整体校成相对标准的平面（见图 2-6-53）。 **注意事项：** 锤打时要控制好锤打的力度，避免在链颗上留下锤打的痕迹。

图 2-6-48　单套侧身链-绕链

图 2-6-49　单套侧身链-套链

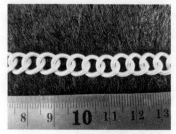

图 2-6-50　单套侧身链-扭链

图 2-6-51　单套侧身链-W 扣制作

图 2-6-52　单套侧身链－修整 W 扣焊接点　　　图 2-6-53　单套侧身链－手链校平

任务十八　马鞭链制作	
工序 2 马鞭链－绕链 	**任务要求**：对用于制作马鞭链的线材进行绕链操作。 **任务制作**：选择粗细合适的链芯，用制作马鞭链的线材在链芯上进行绕链操作，将线材绕成一条"弹簧"（见图 2-6-54）。 **注意事项**：绕链要密实。
工序 4 马鞭链－套链	**任务要求**：按照马鞭链的套链方法，将所锯下的链颗套成一条链。 **任务制作**：按照马鞭链的套链方法，用尖部缠有纸胶带的平头钳进行套链操作，逐个将所锯下来的链颗套在一起，组成一条螺旋形态的链（见图 2-6-55）。 **注意事项**：套完链后要将链颗的锯口掰正以便焊接。
工序 8 马鞭链－扭链	**任务要求**：对制作好的手链进行扭链操作。 **任务制作**：将制作好的手链垫在台塞上，对手链进行扭链操作，将手链由原来的螺旋扭成一个具有平面形态的手链（见图 2-6-56）。 **注意事项**：扭链时需控制好力度，勿使用蛮力，以免将链颗扭断。
工序 9 马鞭链－压链一	**任务要求**：对扭完的马鞭链进行压链操作。 **任务制作**：在扭制过的马鞭链表面缠上纸胶带，然后用压片机对手链进行压片操作，使手链的平面形态更加标准（见图 2-6-57）。 **注意事项**：要控制好压片的速度，避免将手链压断。
工序 10 马鞭链－压链二	**任务要求**：对马鞭链进行二次压链操作。 **任务制作**：将初次压制过的手链进行一遍退火操作，待手链冷却后在其表面再缠上一层纸胶带，然后对手链进行二次压链操作，直至将手链的链颗上压出小平面为止（见图 2-6-58）。 **注意事项**：要控制好压片的速度，避免将手链压断。

图 2-6-54　马鞭链－绕链

图2-6-55 马鞭链-套链

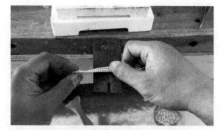

图2-6-56 马鞭链-扭链

图2-6-57 马鞭链-压链一

图2-6-58 马鞭链-压链二

任务十九 肖邦链制作

工序2 肖邦链-绕链、剪链颗	**任务要求：**对用于制作肖邦链的线材进行绕链操作并用铁皮剪刀剪开链颗。 **任务制作：**选择粗细合适的链芯，用制作肖邦链的线材在链芯上进行绕链操作，将线材绕成一条"弹簧"（见图2-6-59），并用铁皮剪刀剪开链颗。 **注意事项：**绕链要密实。
工序3 肖邦链-剪焊药	**任务要求：**剪下小块焊药若干备用。 **任务制作：**用剪钳从大块的焊药片上剪下小块焊药若干，以便后期在链颗的焊接中使用（见图2-6-60）。 **注意事项：**剪出的焊药尽量要大小一致。
工序4 肖邦链-链颗焊接准备	**任务要求：**将剪下来的链颗的开口对接到一起，以便进行焊接。 **任务制作：**将剪下来的肖邦链的链颗的剪口掰正，使开口对接在一起，以便进行链颗的焊接（见图2-6-61）。 **注意事项：**开口一定要对接好，满足焊接要求。
工序6 肖邦链-撑链颗	**任务要求：**将焊接好的圆形链颗撑成跑道形。 **任务制作：**用自制的撑链颗的小工具，将焊接好的肖邦链的链颗由圆形撑成跑道形（见图2-6-62）。 **注意事项：**链颗一定要撑到位。
工序8 肖邦链-套链	**任务要求：**按照肖邦链的套链方法，逐个将链颗套成一条手链。 **任务制作：**按照肖邦链的套链方法，借助钢针、机针、钳子等辅助工具，将肖邦链的链颗逐个的套在一起，组成一条手链（见图2-6-63）。 **注意事项：**套链时穿孔一定要正确。

任务十九 肖邦链制作

工序 9 肖邦链 – 手链校正 	**任务要求**：将套好的肖邦链校正。 **任务制作**：将套好的肖邦链垫在工作台的硬杂木的台面上，用胶锤对肖邦链的 4 个面进行反复的锤打、校正，将手链的形态校正成标准的正方形（见图 2-6-64）。 **注意事项**：校正时需控制锤打力度，以免将手链锤打变形。
工序 13 肖邦链 – 链扣 材料折弯 	**任务要求**：将制作链扣的材料折成方筒型。 **任务制作**：用尖部缠有纸胶带的尖头钳，将锉完 V 型槽的材料折弯，使材料变成一个方筒（见图 2-6-65）。 **注意事项**：在进行折弯操作时控制好力度，不要将材料折断。
工序 19 肖邦链 – 链扣 卡槽备料	**任务要求**：准备 2 个条形材料，用于制作卡槽。 **任务制作**：用准备好的方线，剪下 2 小段，用于制作链扣的卡槽（见图 2-6-66）。 **注意事项**：条形材料的一端应修出斜面，以便焊接。
工序 27 肖邦链 – 手链 焊接链扣准备	**任务要求**：将肖邦链的两端夹成方形，使手链能够塞入制作好的链扣中。 **任务制作**：用尖头钳将制作好的肖邦链的两端折弯并夹成方形，使处理完的手链两端能够塞入制作好的链扣的方形孔中，以便进行焊接（见图 2-6-67）。 **注意事项**：手链两端制作出来的方形要刚好能够塞入制作好的链扣的方孔中。

图 2-6-59 肖邦链-绕链、剪链颗

图 2-6-60 肖邦链-剪焊药

图 2-6-61 肖邦链-链颗焊接准备

图 2-6-62 肖邦链-撑链颗

图2-6-63 肖邦链-套链

图2-6-64 肖邦链-手链校正

图2-6-65 肖邦链-链扣材料折弯

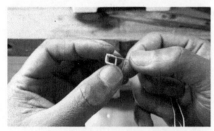

图2-6-66 肖邦链-链扣卡槽备料

图2-6-67 肖邦链-手链焊接链扣准备

任务二十 球形耳坠制作

工序3
球形耳坠–
制作半球

任务要求：使用银片制作出4个半球。

任务制作：将准备好的圆形银片放在圆形的坑铁上，配合大小合适的圆形冲头窝作，用铁锤进行锤打制型，锤打几次后对材料进行退火操作，然后再锤打制型，直至制作出4个形态比较标准的半球为止（见图2-6-68）。

注意事项：锤打和退火要间歇进行，避免锤打时材料出裂痕。

工序9
球形耳坠–制作
插环及链扣

任务要求：使用准备好的线材制作出2对耳坠的插环及链扣。

任务制作：用直径为1mm的圆线，采用绕链的方法，制作出2对耳坠的插环；再用边长为1mm的方线，采用绕链、锯链的方法，制作出6个耳坠的链扣（见图2-6-69、图2-6-70）。

注意事项：链芯的粗细要合理；绕链要紧实。

图2-6-68 球形耳坠-制作半球

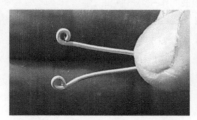

图2-6-69 球形耳坠-制作插环

图2-6-70 球形耳坠-制作链扣

任务二十一　篮球吊坠制作

工序 3 篮球吊坠 – 制作半球 	**任务要求**：使用银片制作出 2 个半球。 **任务制作**：将准备好的圆形银片放在圆形的坑铁上，配合大小合适的圆形冲头窝作，用铁锤进行锤打制型，锤打几次后对材料进行退火操作，然后再锤打制型，直至制作出 2 个形态比较标准的半球为止（见图 2-6-71）。 **注意事项**：锤打和退火要间歇进行，避免锤打时材料出裂痕。

图 2-6-71　篮球吊坠–制作半球

任务二十二　如意算盘制作

工序 2 如意算盘 – 制作 算珠（绕链） 	**任务要求**：对用于制作算盘珠的线材进行绕链操作。 **任务制作**：选择合适粗细的链芯，用制作算盘珠的线材在链芯上进行绕链操作，将线材绕成一条"弹簧"（见图 2-6-72）。 **注意事项**：绕链要密实。
工序 4 如意算盘 – 制作算珠 （焊接前准备） 	**任务要求**：将算盘珠的锯口夹平，使之初步满足焊接的要求。 **任务制作**：用尖部缠着纸胶带的平头钳，将锯下来的算盘珠的锯口夹平，使算盘珠初步满足焊接的要求（见图 2-6-73）。 **注意事项**：用平头钳夹算盘珠时不要太用力，避免将算盘珠夹扁。
工序 7 如意算盘 – 撑圆算珠 	**任务要求**：将算盘珠撑圆。 **任务制作**：用粗细合适的钢针，将焊接完的算盘珠的内部撑圆（见图 2-6-74）。 **注意事项**：钢针的粗细要合适。
工序 27 如意算盘 – 制作吊坠扣 	**任务要求**：用圆形的银线制作一个吊坠扣。 **任务制作**：用直径为 1.2mm 的圆线，使用绕链、锯链的方法，制作一个圆圈形的吊坠扣（见图 2-6-75）。 **注意事项**：链芯的粗细要合适；焊接点要锉削出一个小平面。

任务二十二 如意算盘制作

工序 35
如意算盘 –
穿算珠

任务要求： 按照算盘的设计要求，将算盘珠穿到算盘档上。

任务制作： 按照算盘的设计要求，即上档穿2珠、下档穿5珠，将准备好的算盘珠穿到算盘档上（见图2-6-76）。

注意事项： 穿算盘珠时要上下算盘档搭配进行。

工序 36
如意算盘 –
修剪、焊接算
盘档

任务要求： 将多余的算盘档剪掉。

任务制作： 在穿完算盘珠后，用平口剪钳将超出算盘框架的算盘档剪掉（见图2-6-77）。

注意事项： 裁剪时要将平口剪钳的平面朝向算盘框。

图 2-6-72 如意算盘– 制作算珠（绕链）

图 2-6-73 如意算盘– 制作算珠（焊接前准备）

图 2-6-74 如意算盘– 撑圆算珠

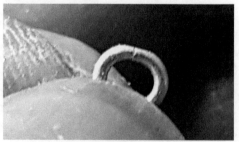

图 2-6-75 如意算盘– 制作吊坠扣

图 2-6-76 如意算盘– 穿算珠

图 2-6-77 如意算盘– 修剪、焊接算盘档

练习七　吊机的使用 →

一、常用工具及使用方法

1. 常用工具介绍

（1）吊机　吊机（见图2-7-1）是利用电动机一端连接的钢丝软轴带动机头进行工作的。吊机一般是挂在工作台的台柱上。机头为三爪夹头，用于装夹各种机针。机头分两种，一种为执模用的机头，稍微大一些，另一种为镶石用的机头，稍微小一些，并且有快速装卸开关。吊机的脚踏开关内有活动变阻机构，踩下脚踏开关的高度不同会使吊机产生不同的转速，适合于不同的操作。

（2）台式打磨机　台式打磨机（见图2-7-2）又称牙机。由电动机、手柄、脚踏开关等几部分组成，其具有快速拆装、转速可调等特点，因此在一些手工制作行业中被广泛应用。

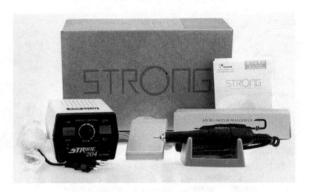

图2-7-1　吊机　　　　　　　　　　　图2-7-2　台式打磨机

（3）各种机针、毛扫、毡头　配合吊机使用的是成套的机针（俗称锣嘴），机针的形状各异，不同形状的机针有不同的用途，可用于钻孔、打磨、车削等。常用的机针有以下10类。

1）钻针（见图2-7-3）和麻花钻（见图2-7-4）：在起版时常用钻针或麻花钻，钻出相应大小的石位或花纹，在执模和镶石时也常用钻针对石位和花纹处进行修整，钻针直径一般为0.5～2.3mm，不够锋利的钻头可以用油石磨利后再继续使用。

2）波针（见图2-7-5）：形状接近球形，直径一般为0.5～2.5mm，在执模过程中，常用来清洁花头底部的石膏粉或金属珠、重现花纹线条、清理焊接部位等。在镶石时，小号波针常用于自制吸珠，较大号的波针可用来车弧面宝石的包镶位，最大号的波针可用来车飞边镶、光圈镶的光面斜石位。

3）轮针（见图2-7-6）：直径一般在0.7～5.0mm，主要用于镶石中，用于开坑、捞底，捞出的石位较为平滑。

4）桃针（见图2-7-7）：形状接近桃子，直径一般为0.8～2.3mm，是做起钉镶的主要工具，其车位效果比较合适镶圆钻，且不需要其他工具辅助，在光圈镶、飞边镶、包镶等车位操作时可作为辅助工具。

5）伞针（见图2-7-8）：形状类似伞形，直径一般为0.7～2.5mm，规格较大的伞针是做爪镶的主要工具，规格小一些的伞针常用于车包镶心形、马眼、三角等形状石位的角位，迫镶较厚的宝石时可用来车宝石的腰位。

6）牙针（见图2-7-9）；也称狼牙棒，又可细分为直狼牙棒、斜身狼牙棒，直径一般为0.6~2.3mm，在镶嵌中如果迫镶石位太窄或石位边沿凹凸不平，常用牙针扫顺，爪镶时也可以用来车石位。在执模中常用来刮除夹层间的披锋，刮净死角位，以及将线条不清晰的部位整理清晰。

7）飞碟（见图2-7-10）直径一般为0.8~2.5mm，有厚薄之分，可根据宝石腰的厚度来选择，一般在镶石中用薄飞碟车闸钉及爪镶石位，在迫镶圆钻时也可以用来车石位。起版校闸钉位时会用到厚飞碟。

8）吸珠（见图2-7-11）直径一般为0.8~2.3mm，可买成品吸珠，也可自制。成品吸珠的吸窝有牙痕，一般用于吸较粗的金属爪头或光圈镶；自制吸珠的吸窝为光滑面，用于吸钉粒。一般钉粒较多且粗糙，需要的吸珠量较大，可采用废旧工具自制吸珠，这样可有效地降低生产成本。

9）砂纸夹针（见图2-7-12）、硒胶片针（见图2-7-13）用于固定各种型号的砂纸或硒胶片来进行首饰执模、打砂纸。

10）毛扫、毡棒（见图2-7-15）等。毛扫有铁毛扫、铜毛扫、羊毛扫等（见图2-7-14）；毡棒有各种形状的，用于首饰执模和抛光。

图2-7-3　钻针

图2-7-4　麻花钻

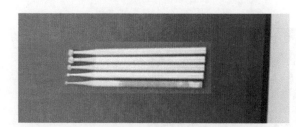

图2-7-5　波针

图2-7-6　轮针

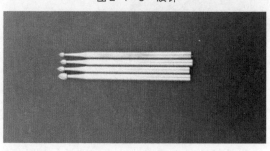

图2-7-7　桃针

图2-7-8　伞针

图2-7-9 牙针

图2-7-10 飞碟

图2-7-11 吸珠

图2-7-12 砂纸夹针

图2-7-13 硒胶片针

图2-7-14 各种毛扫

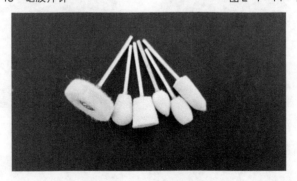

图2-7-15 各种毡棒

2．工具的使用方法

（1）安装机针　首先用吊机钥匙对准相应位置进行逆时针旋转，将手柄上的夹嘴打开到一定位置，再将机针插进夹嘴，并顺时针旋转吊机钥匙，直至将机针夹紧。

应选用相应的机针来进行相应的作业。例如，给工件打孔时应选用钻针或麻花钻；打砂纸时应选用砂纸夹针或硒胶片针等。

机针在安装在吊机上后，应先踩下吊机脚踏开关，让吊机处于正常工作状态。观察机针的运转轨迹，在确认其旋转轨迹为一条直线后，方能继续进行相应作业；否则应重新安装机针再操作。

（2）选择合适的手柄握法进行相应的操作 吊机手柄的持法应根据用途选用直握法或笔握法。通常情况下，打孔时一般采用直握法，并保证机针垂直于工件作业；执模、抛光时一般采用笔握法进行相应操作。

二、 基本操作示例

1.打孔

1）先使用钢钉、钢针或伞针在材料上所要打孔的位置打上一个定位点。定位点的作用是能够使打孔操作更加精确。

2）根据所要打孔的粗细选择合适型号的钻针或麻花钻；然后将钻针或麻花钻安装在吊机上，确保安装规范后即可进行打孔操作。如使用台式打磨机则必需使用钻针。

3）使用直握式（如材料厚度比较薄，也可以使用笔握式）的方法握住吊机（台式打磨机）的手柄，然后将钻针或麻花钻的尖对准定位点，踩下吊机（台式打磨机）的脚踏开关进行打孔操作。在打孔时应注意控制机器的转动速度，不要使机器的转动速度过快，否则钻针或麻花钻容易折断。

4）孔打穿之后保持机器正常转动，将钻针或麻花钻从所打的孔洞中取出。

2.各类机针的使用

1）根据所要进行的操作，选择合适大小及型号的机针。

2）将机针正确的安装在吊机（台式打磨机）上。

3）进行相应的操作。

3.各类毛扫、 毡棒的使用

1）根据所要进行的执模操作，选择合适种类的毛扫或毡棒。

2）将毛扫或毡棒正确地安装在吊机（台式打磨机）上。

3）进行相应的操作。

4）注意有些毛扫或毡棒在使用过程中需要搭配抛光蜡使用。

三、 相关知识拓展

1.吊机使用注意事项

1）使用吊机进行相应作业时应用力适中，以免机针因用力过大而弯曲、断裂或过度磨损。

2）使用吊机作业时应注意做好防护措施，要带好口罩和防护镜，以免粉尘进入口腔和眼睛。

2.常用铣刀的功能及选用

（1）常用铣刀的功能 各种不同形状的铣刀装夹在吊钻的夹头上，根据首饰图样设计要求，可用来钻孔，铣削平面、端面、球形、伞形、坑槽及各种不规则的几何形状。在首饰制作中，常用于修整锉刀难以到达的内曲面，也用于各种小凹凸面的精细加工，以及镶嵌宝石首饰的镶口与镶钉的修整。

机针介绍

（2）选用铣刀的方法

1）在制作镶嵌圆形宝石的饰物时，应选用相应尺寸的球形铣刀或镶石锥钻，铣削出合理的深度，使圆孔直径正好等于宝石腰线直径，然后将圆形宝石放入圆孔内。由于球形铣刀适合不同角度及位置的铣削，在制作镶嵌首饰样板时，通常先考虑选用球形铣刀。

2）采用钉镶工艺镶嵌宝石，需使用吸珠修整钉的形状。

3）采用槽镶工艺镶嵌宝石，厚飞碟适用于镶厚边的宝石；薄飞碟适用于镶嵌薄边的宝石。

4）采用迫镶工艺镶嵌宝石，宝石边厚 0.5mm 以上的，适宜选用轮针。

5）修整饰物内孔（包括方孔、椭圆孔、不规则形状孔），适宜选用牙针。

6）采用钉镶工艺镶嵌圆形宝石，以及修整圆形镶口内孔，适宜选用桃针。

7）修整圆形镶口锥度，适宜选用伞针。

四、 练习任务

任务四　万字链制作		

工序 10
万字链 – S
扣修整

任务要求： 对制作好的 S 扣两端进行处理，去除 S 扣两端的棱角。

任务制作： 将合适的闭口吸珠安装到台式打磨机手柄的卡头中，一手拿着 S 扣，另一只手持台式打磨机的手柄，对 S 扣的一端进行吸圆操作，去除 S 扣末端的棱角。用同样的方法去除 S 扣另外一端的棱角（见图 2-7-16）。

注意事项： 闭口吸珠的大小要合适；台式打磨机的转速要适当。

图 2-7-16　万字链–S 扣修整

任务十　字符吊坠制作		

工序 3
字符吊坠 – 打孔

任务要求： 用麻花钻或钻针在字符吊坠材料的合适位置打孔。

任务制作： 选择合适的麻花钻或钻针安装到吊机手柄的三角卡头中，将字符吊坠的材料固定在台塞上，用直握式的握手柄姿势，在材料上合适的位置进行打孔操作（见图 2-7-17）。

注意事项： 麻花钻或钻针的选择要合适；吊机的转动速度要控制得当。

图 2-7-17　字符吊坠–打孔完成

任务十四　掐丝戒指制作		

工序 12
掐丝戒指 – 戒圈
侧壁材料打孔

任务要求： 在戒圈侧壁材料的 2 个同心圆中合适的位置打孔。

任务制作： 用钻针或麻花钻在戒圈侧壁材料的 2 个同心圆中合适的位置打孔（见图 2-7-18）。

注意事项： 打孔的位置最好贴近所画的线；打孔要控制吊机的转动速度；打孔时机针要与银板的表面垂直。

图 2-7-18　掐丝戒指–戒圈侧壁材料打孔

任务十九　肖邦链制作		

工序 25
肖邦链 – 链扣卡
扣车槽及修整

任务要求： 在链扣卡扣内侧的合适位置车 2 条 U 形槽。

任务制作： 用大小合适的轮针在链扣卡扣内侧的合适位置进行反复的车削，直至在卡扣的内侧车出 2 条较深 U 型槽为止（见图 2-7-19）。

注意事项： 控制车槽速度；车槽的位置和深度要精确；车削时要注意控制轮针的运行轨迹。

图 2-7-19　肖邦链–链扣卡扣车槽及修整

任务二十二　如意算盘制作

工序 15 如意算盘 – 制作算盘框、梁 （打钻孔定位点）	**任务要求**：在算盘横框上打出钻孔的定位点。 **任务制作**：为使打孔操作更加精确，需要先打定位点。用大小合适的伞针在画图时使用钢针扎点的位置进行车削，车出一排小的漏斗型浅坑，这些浅坑就是打孔时的定位点（见图 2-7-20）。 **注意事项**：车削时要控制吊机的转动速度；机针要与材料的表面垂直；定位点一定要精确。
工序 16 如意算盘 – 制作算盘框、梁 （钻孔）	**任务要求**：在定位点处打孔。 **任务制作**：用直径为 0.8mm 的钻针，在所打的定位点处进行打孔操作，直至将所有的定位点处都打出一个对穿的孔为止（见图 2-7-21）。 **注意事项**：打孔时材料一定要固定牢且机针要与材料表面垂直；要将吊机控制在一个又慢又稳的状态；打孔时会产生大量的热，若烫手，可等材料冷却再继续打孔操作。
工序 34 如意算盘 – 穿算珠前准备	**任务要求**：用钻针将算盘档的孔内的银屑清理干净。 **任务制作**：直接用手控制直径为 0.8mm 的钻针，对打好的算盘档的孔进行一遍打孔操作，将孔内的银屑清理干净（见图 2-7-22）。 **注意事项**：银屑要清理干净，以便于穿算盘档。

图 2-7-20　如意算盘-制作算盘框、梁（打钻孔定位点）

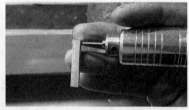

图 2-7-21　如意算盘-制作算盘框、梁（钻孔）

图 2-7-22　如意算盘-穿算珠前准备

练习八　砂纸的使用 →

一、 常用工具及使用方法

1. 常用工具介绍

（1）砂纸卷　砂纸卷（见图2-8-1）是最常用的打砂纸的小工具，它可以对首饰上的平面及外弧面进行打砂纸操作。

（2）砂纸锥　砂纸锥（见图2-8-2）一般用于对首饰上的圆形孔洞进行打砂纸操作。

（3）砂纸飞碟　砂纸飞碟（见图2-8-3）一般用于对首饰上的凹曲面、狭长的缝隙及棱角进行打砂纸操作。

图2-8-1　砂纸卷

图2-8-2　砂纸锥

图2-8-3　砂纸飞碟

（4）砂纸锉　砂纸锉（见图2-8-4）是一种手工打砂纸的工具，一般用于对首饰上较大的平面及外弧面进行打砂纸操作。

（5）砂纸条　砂纸条（见图2-8-5）是一种手工打砂纸的工具，在使用时一般将砂纸条固定在锯弓上进行打砂纸操作。一般用于对首饰上较小的缝隙进行打砂纸操作。

图2-8-4　砂纸锉

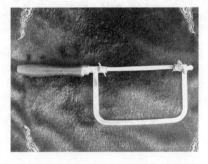
图2-8-5　砂纸条

2. 工具的制作及使用方法

（1）砂纸卷制作　将砂纸用大剪刀剪出30mm宽的长条，让砂纸砂面向下，并将砂纸下方向右插砂纸夹针，然后将以砂纸夹针为中心用力将砂纸向前卷成一个砂纸卷（见图2-8-6～图2-8-17）。

砂纸卷制作

图2-8-6 剪砂纸条

图2-8-7 剪好的砂纸条

图2-8-8 插上砂纸夹针

图2-8-9 卷砂纸卷

图2-8-10 卷好砂纸卷

图2-8-11 在底部粘塑料胶带

图2-8-12 砂纸卷制作完成

图2-8-13 用吊机钥匙打开吊机咀

图2-8-14 安装上砂纸卷

图2-8-15 上紧吊机咀

图2-8-16　砂纸卷安装完成

图2-8-17　打砂纸

砂纸锥制作

（2）砂纸锥制作　剪下一小块方形砂纸，让砂纸砂面向下，以砂纸左下方为砂纸锥的尖，将砂纸卷成一个砂纸锥，再用剪刀将多余的砂纸剪掉，然后将开口处砂纸勉到砂纸锥内部（见图2-8-18～图2-8-29）。

图2-8-18　剪砂纸

图2-8-19　卷起砂纸一角

图2-8-20　卷起砂纸一角细节

图2-8-21　将砂纸卷成锥状

图2-8-22　卷成锥状完成

图2-8-23　将多余砂纸剪掉

图2-8-24　用镊子将末端折进砂纸锥内

图2-8-25　细节图

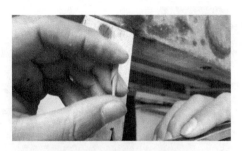

图 2-8-26　砂纸锥制作完成

图 2-8-27　将砂纸锥插到机针上

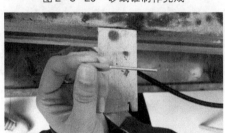

图 2-8-28　插紧

图 2-8-29　使用砂纸锥

（3）砂纸飞碟制作　剪下一小块方形砂纸，让砂纸砂面向下，并在上面中心处涂一点 502 胶水，然后选择一只机针将砂纸粘到机针的大头的平面上，然后将机针安装到吊机上让其转动起来，用钢针将砂纸片切出一个标准的圆形砂纸飞碟（见图 2-8-30～图 2-8-40）。

砂纸飞碟制作

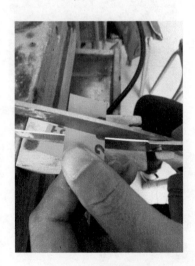

图 2-8-30　剪砂纸

图 2-8-31　在砂纸背面中心处涂 502 胶

图 2-8-32　将机针粘到砂纸背面

（4）砂纸锉制作　可用专用的砂纸锉的工具制作；也可以将砂纸剪成合适宽度的条状然后固定在准备好的小木板上；还可以将小块的砂纸卷在竹叶锉上使用。

（5）砂纸条制作　将砂纸剪成细条状，然后将砂纸条固定在锯弓上使用。

图2-8-33　保持姿势至502胶完全干

图2-8-34　飞碟初步制作完成

图2-8-35　将飞碟安装到吊机上

图2-8-36　将钢针尖顶在砂纸背面相应位置

图2-8-37　让吊机工作

图2-8-38　钢针慢慢接近并切割砂纸

图2-8-39　砂纸飞碟制作完成

图2-8-40　砂纸飞碟细节

二、　基本操作示例

1.平面打砂纸

用砂纸卷和砂纸锉。

2.外弧面打砂纸

用砂纸卷和砂纸锉。

3.圆形孔洞打砂纸

用砂纸锥。

4.凹曲面打砂纸

使用砂纸飞碟。

5.狭长的缝隙打砂纸

用砂纸飞碟。

6.棱角打砂纸

用砂纸飞碟。

7.较小的缝隙打砂纸

用砂纸条。

三、　相关知识拓展

1.砂纸介绍

俗称砂皮，一种供研磨用的材料。用以研磨金属、木材等表面，以使其光洁平滑，通常在原纸上胶着各种研磨砂粒而成。根据不同的研磨物质，有金刚砂纸、人造金刚砂纸、玻璃砂纸等多种。干磨砂纸（木砂纸）用于磨光木、竹器表面。耐水砂纸（水砂纸）用于在水中或油中磨光金属或非金属工件表面。

（1）砂纸的分类

1）海绵砂纸。适合打磨圆滑部分，各种材料均可。海绵砂纸砂磨工艺具有生产效率高、被加工表面质量好、生产成本低等特点，因此在家具生产中得到广泛的应用，家具产品的最终表面质量与砂磨工艺有着密切的关系。海绵砂纸是砂磨工艺的主要工具。

2）干磨砂纸。干磨砂纸以合成树脂为黏结剂将碳化硅磨料粘接在乳胶之上，并涂以抗静电的涂层制成高档产品，具有防堵塞、防静电、柔软性好、耐磨度高等优点。多种细度可供选择，适于打磨金属表面、腻子和涂层。干磨砂纸一般选用特制牛皮纸和乳胶纸，选用天然和合成树脂作黏结剂，经过先进的高静电植砂工艺制造而成，此产品磨削效率高，不易粘屑等特点，适用于干磨。广泛应用于家具、装修等行业，特别是粗磨。

3）水磨砂纸。又称耐水砂纸或水砂纸，是因为在使用时可以浸水打磨或在水中打磨而得名，耐水砂纸是以耐水纸或经处理而耐水的纸为基体，以油漆或树脂为黏结剂，将刚玉或碳化硅磨料牢固地粘在基体上而制成的一种磨具，其形状有页状和卷状两种。按照磨料可分为：棕刚玉砂纸；白刚玉砂纸；碳化硅砂纸；锆刚玉砂纸等。按照黏结剂可分为：普通黏结剂砂纸；树脂黏结剂砂纸。

水磨砂纸质感比较细，水磨砂纸适合打磨一些纹理较细腻的东西，而且适合后加工；水磨砂纸它的砂粒之间的间隙较小，磨出的碎末也较小，和水一起使用时碎末就会随水流出，所以要和水一起使用，如果拿水砂纸干磨的话，碎末就会留在砂粒的间隙中，使砂纸表面变光从而达不到它本有的效果，而干砂纸就没那么麻烦，它的沙粒之间的间隙较大，磨出来的碎末也较大，它在磨的过程中由于间隙大的原因，碎末会掉下来，所以它不需要和水一起使用。

4）无尘网砂纸。使用无尘网砂纸打磨，可以将有害微粒由于飘逸所造成的危害降至最低。

与传统打磨材料对比，使用砂纸没有堵塞，这个特性极大地延长了产品的使用寿命；极少的结块，高效的吸尘从根本上解决了结块的产生；极高的效率，极大地减少了砂纸的更换频率，提高了工作效率。

（2）砂纸的型号　砂纸的型号常用的有 400#、600#、1000#、1200#、1500#、2000#。粒度号用目或粒度表示，是 1 英寸 ×1 英寸的面积内有多少个颗粒数。例如，1000 表示砂粒大小是 25.4 微米。

2. 打砂纸顺序

在对首饰进行打砂纸的过程中，一般至少要进行两遍打砂纸操作，即先要打一遍 800 目的砂纸，然后再打一遍 1200 目的砂纸。对于一些对表面质量要求比较高的首饰，可以在 1200 目的砂纸打完之后再打一遍 2000 目的砂纸。

3. 打砂纸注意事项

在打砂纸的作业过程中要带护目镜、口罩；打砂纸工具的选用要合适，打面用砂纸卷，打细小位置用砂纸锥，打棱角用砂纸飞碟。

四、练习任务

任务一　宝塔制作	
工序 7 宝塔-打砂纸	**任务要求**：对宝塔的表面进行打砂纸操作。 **任务制作**：先用 800 目的砂纸锉对宝塔的表面进行一遍打砂纸操作；再用 1200 目的砂纸锉对宝塔的表面进行一遍打砂纸操作（见图 2-8-41）。 **注意事项**：使用的砂纸工具要合适；要对工件打 2 遍砂纸，分别是 800 目和 1200 目；打砂纸要全面、到位、不留死角。

任务二　台阶制作	
工序 10 台阶-打砂纸	**任务要求**：对台阶的表面进行打砂纸操作。 **任务制作**：先用 800 目的砂纸锉对台阶的表面进行一遍打砂纸操作；再用 1200 目的砂纸锉对台阶的表面进行一遍打砂纸操作（见图 2-8-42）。 **注意事项**：使用的砂纸工具要合适；要对工件打 2 遍砂纸，分别是 800 目和 1200 目；打砂纸要全面、到位、不留死角。

图 2-8-41　宝塔-打砂纸完成

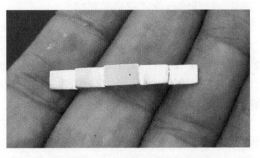

图 2-8-42　台阶-打砂纸完成

任务三　铜剑制作	
工序 14 铜剑－打砂纸 	**任务要求**：对铜剑的表面进行打砂纸操作。 **任务制作**：先用 800 目的砂纸卷和砂纸锉对铜剑表面进行一遍打砂纸操作；再用 1200 目的砂纸卷和砂纸锉对铜剑表面进行一遍打砂纸操作（见图 2-8-43）。 **注意事项**：使用的砂纸工具要合适；要对工件打 2 遍砂纸，分别是 800 目和 1200 目；打砂纸要全面、到位、不留死角。

任务五　钉子戒指制作	
工序 7 钉子戒指－打 砂纸 	**任务要求**：对钉子戒指的表面进行打砂纸操作。 **任务制作**：先用 800 目的砂纸卷和砂纸锉对钉子戒指的表面进行一遍打砂纸操作；再用 1200 目的砂纸卷和砂纸锉对钉子戒指的表面进行一遍打砂纸操作（见图 2-8-44）。 **注意事项**：使用的砂纸工具要合适；要对工件打 2 遍砂纸，分别是 800 目和 1200 目；打砂纸要全面、到位、不留死角。

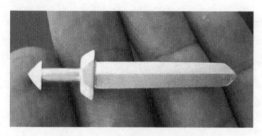

图 2-8-43　铜剑-打砂纸完成

图 2-8-44　钉子戒指-打砂纸

任务六　四叶草戒指制作	
工序 14 四叶草戒指－ 打砂纸 	**任务要求**：对四叶草戒指的表面进行打砂纸操作。 **任务制作**：先用 800 目的砂纸卷、砂纸锥及砂纸锉对四叶草戒指的表面进行一遍打砂纸操作；再用 1200 目的砂纸卷、砂纸锥及砂纸锉对四叶草戒指的表面进行一遍打砂纸操作（见图 2-8-45）。 **注意事项**：使用的砂纸工具要合适；要对工件打 2 遍砂纸，分别是 800 目和 1200 目；打砂纸要全面、到位、不留死角。

任务七　球形耳钉制作	
工序 8 球形耳钉－打 砂纸 	**任务要求**：对球形耳钉的表面进行打砂纸操作。 **任务制作**：先用 800 目的砂纸，采用纯手工打砂纸的方式对球形耳钉的表面进行一遍打砂纸操作；再用 1200 目的砂纸，采用纯手工打砂纸的方式对球形耳钉的表面进行一遍打砂纸操作（见图 2-8-46）。 **注意事项**：使用的砂纸工具要合适；要对工件打 2 遍砂纸，分别是 800 目和 1200 目；打砂纸要全面、到位、不留死角。

图2-8-45 四叶草戒指-打砂纸完成

图2-8-46 球形耳钉-打砂纸

任务八 五角星胸针制作

工序17
五角星胸针-
打砂纸

任务要求：对五角星胸针的表面进行打砂纸操作。

任务制作：先用800目的砂纸锉对五角星胸针的表面进行一遍打砂纸操作；再用1200目的砂纸锉对五角星胸针的表面进行一遍打砂纸操作（见图2-8-47）。

注意事项：使用的砂纸工具要合适；要对工件打2遍砂纸，分别是800目和1200目；打砂纸要全面、到位、不留死角。

任务九 奔驰标吊坠制作

工序21
奔驰标吊坠-
打砂纸

任务要求：对奔驰标吊坠的表面进行打砂纸操作。

任务制作：先用800目的砂纸卷和砂纸锉对奔驰标吊坠的表面进行一遍打砂纸操作；再用1200目的砂纸卷和砂纸锉对奔驰标吊坠的表面进行一遍打砂纸操作（见图2-8-48）。

注意事项：使用的砂纸工具要合适；要对工件打2遍砂纸，分别是800目和1200目；打砂纸要全面、到位、不留死角。

图2-8-47 五角星胸针-打砂纸

图2-8-48 奔驰标吊坠-打砂纸

任务十 字符吊坠制作

工序14
字符吊坠-
打砂纸

任务要求：对字符吊坠的表面进行打砂纸操作。

任务制作：先用铜丝扫对字符吊坠的凹面进行一遍打磨；再用800目的砂纸卷和砂纸锥对字符吊坠的表面进行一遍打砂纸操作；最后用1200目的砂纸卷和砂纸锉对字符吊坠的表面进行一遍打砂纸操作（见图2-8-49）。

注意事项：使用的砂纸工具要合适；要对工件打2遍砂纸，分别是800目和1200目；打砂纸要全面、到位、不留死角。

任务十一 盒子制作

工序 40
盒子 - 打砂纸

任务要求：对盒子的表面进行打砂纸操作。

任务制作：先用800目的砂纸卷和砂纸锥对盒子的表面进行一遍打砂纸操作；再用1200目的砂纸卷和砂纸锉对盒子的表面进行一遍打砂纸操作（见图2-8-50）。

注意事项：使用的砂纸工具要合适；要对工件打2遍砂纸，分别是800目和1200目；打砂纸要全面、到位、不留死角。

图2-8-49 字符吊坠-打砂纸完成　　　图2-8-50 盒子-打砂纸完成

任务十二 弧面戒指制作

工序 10
弧面戒指 - 戒指打砂纸

任务要求：对弧面戒指的表面进行打砂纸操作。

任务制作：先用800目的砂纸卷对弧面戒指的表面进行一遍打砂纸操作；再用1200目的砂纸卷对弧面戒指的表面进行一遍打砂纸操作（见图2-8-51）。

注意事项：使用的砂纸工具要合适；要对工件打2遍砂纸，分别是800目和1200目；打砂纸要全面、到位、不留死角。

任务十三 编织戒指制作

工序 16
编织戒指 - 戒指打砂纸

任务要求：对编织戒指的表面进行打砂纸操作。

任务制作：先用800目的砂纸卷对编织戒指的表面进行一遍打砂纸操作；再用1200目的砂纸卷对编织戒指的表面进行一遍打砂纸操作（见图2-8-52）。

注意事项：使用的砂纸工具要合适；要对工件打2遍砂纸，分别是800目和1200目；打砂纸要全面、到位、不留死角。

图2-8-51 弧面戒指-戒指打砂纸完成　　　图2-8-52 编织戒指-戒指打砂纸

任务十四　掐丝戒指制作

工序 10 掐丝戒指 – 戒圈外圈打砂纸 	**任务要求**：对掐丝戒指戒圈的外圈进行打砂纸操作。 **任务制作**：先用 800 目的砂纸卷对掐丝戒指戒圈外圈的表面进行一遍打砂纸操作；再用 1200 目的砂纸卷对掐丝戒指戒圈外圈的表面进行一遍打砂纸操作（见图 2-8-53）。 **注意事项**：使用的砂纸工具要合适；要对工件打 2 遍砂纸，分别是 800 目和 1200 目；打砂纸要全面、到位、不留死角。
工序 22 掐丝戒指 – 整体打砂纸	**任务要求**：对掐丝戒指戒圈的 2 个侧面及内圈进行打砂纸操作。 **任务制作**：先用 800 目的砂纸卷对掐丝戒指戒圈的 2 个侧面及内圈进行一遍打砂纸操作；再用 1200 目的砂纸卷对掐丝戒指戒圈的 2 个侧面及内圈进行一遍打砂纸操作（见图 2-8-54）。 **注意事项**：使用的砂纸工具要合适；要对工件打 2 遍砂纸，分别是 800 目和 1200 目；打砂纸要全面、到位、不留死角。

图 2-8-53　掐丝戒指–戒圈外圈打砂纸完成

图 2-8-54　掐丝戒指–整体打砂纸完成

任务十五　编织手镯制作

工序 14 编织手镯 – 手镯打砂纸 	**任务要求**：对编织手镯的表面进行打砂纸操作。 **任务制作**：先用 800 目的砂纸卷对编织手镯的表面进行一遍打砂纸操作；再用 1200 目的砂纸卷对编织手镯的表面进行一遍打砂纸操作（见图 2-8-55）。 **注意事项**：使用的砂纸工具要合适；要对工件打 2 遍砂纸，分别是 800 目和 1200 目；打砂纸要全面、到位、不留死角。

任务十九　肖邦链制作

工序 31 肖邦链 – 链扣打砂纸	**任务要求**：对肖邦链上链扣部分的表面进行打砂纸操作。 **任务制作**：先用 800 目的砂纸卷对肖邦链上链扣部分的表面进行一遍打砂纸操作；再用 1200 目的砂纸卷对肖邦链上链扣部分的表面进行一遍打砂纸操作（见图 2-8-56）。 **注意事项**：使用的砂纸工具要合适；要对工件打 2 遍砂纸，分别是 800 目和 1200 目；打砂纸要全面、到位、不留死角。

图2-8-55 编织手镯–手镯打砂纸

图2-8-56 肖邦链–链扣打砂纸完成

任务二十 球形耳坠制作

工序8
球形耳坠–
打砂纸

任务要求：对2个球体的表面进行打砂纸操作。

任务制作：将带有辅助抛光杆的球体安装到台式打磨机上，先用800目的砂纸对球体的表面进行一遍打砂纸操作；再用1200目的砂纸对球体表面进行一遍打砂纸操作（见图2-8-57）。

注意事项：使用的砂纸工具要合适；要对工件打2遍砂纸，分别是800目和1200目；打砂纸要全面、到位、不留死角。

工序14
球形耳坠–耳坠
局部修整及
打砂纸

任务要求：对球形耳坠吊环附近的表面进行打砂纸操作。

任务制作：先用800目的砂纸锉对球形耳坠吊环附近的表面进行一遍打砂纸操作；再用1200目的砂纸锉对球形耳坠吊环附近的表面进行一遍打砂纸操作（见图2-8-58）。

注意事项：使用的砂纸工具要合适；要对工件打2遍砂纸，分别是800目和1200目；打砂纸要全面、到位、不留死角。

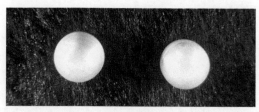

图2-8-57 球形耳坠–打砂纸完成

图2-8-58 球形耳坠–耳坠局部修整及打砂纸完成

任务二十一 篮球吊坠制作

任务要求：对篮球吊坠的表面进行打砂纸操作。

任务制作：将带有辅助抛光杆的球体安装到台式打磨机上，先用800目的砂纸对球体的表面进行一遍打砂纸操作；再用1200目的砂纸对球体表面进行一遍打砂纸操作（见图2-8-59）。

工序8
篮球吊坠–
打砂纸

注意事项：使用的砂纸工具要合适；要对工件打2遍砂纸，分别是800目和1200目；打砂纸要全面、到位、不留死角。

图2-8-59 篮球吊坠–打砂纸

任务二十二　如意算盘制作

工序 33 **如意算盘－算盘框、梁整体打砂纸** 	**任务要求：** 对如意算盘的算盘框及梁的所有表面进行打砂纸操作。 **任务制作：** 先用 800 目的砂纸卷和砂纸锉对如意算盘的算盘框及梁的所有表面进行一遍打砂纸操作；再用 1200 目的砂纸卷和砂纸锉对如意算盘的算盘框及梁的所有表面进行一遍打砂纸操作（见图 2-8-60）。 **注意事项：** 使用的砂纸工具要合适；要对工件打 2 遍砂纸，分别是 800 目和 1200 目；打砂纸要全面、到位、不留死角。
工序 39 **如意算盘－算盘顶框、底框打砂纸** 	**任务要求：** 对如意算盘的算盘框的顶部和底部的表面进行打砂纸操作。 **任务制作：** 先用 800 目的砂纸卷或砂纸锉对如意算盘的算盘框的顶部和底部的表面进行一遍打砂纸操作；再用 1200 目的砂纸卷或砂纸锉对如意算盘的算盘框的顶部和底部的表面进行一遍打砂纸操作（见图 2-8-61）。 **注意事项：** 使用的砂纸工具要合适；要对工件打 2 遍砂纸，分别是 800 目和 1200 目；打砂纸要全面、到位、不留死角。

图 2-8-60　如意算盘-算盘框、梁整体打砂纸

图 2-8-61　如意算盘-算盘顶框、底框打砂纸

练习九　抛光操作 →

一、常用工具及使用方法

1. 常用工具介绍

1）台式打磨机或吊机搭配各种抛光头和毛扫（见图2-9-1~图2-9-4）是单件首饰抛光比较常用的工具。抛光时需在抛光头上打上不同颜色的抛光蜡（见图2-9-5）以达到不同的抛光效果。这套工具组合能对几乎所有种类的首饰进行抛光。

图2-9-1　台式打磨机

图2-9-2　吊机

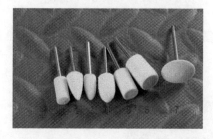

图2-9-3　各种抛光头

图2-9-4　各种毛扫

图2-9-5　各种颜色的抛光蜡

2）台式抛光机搭配各种布轮、毛轮和戒指绒棒（见图2-9-6~图2-9-9）是首饰加工厂中常用的抛光工具。抛光时需在抛光轮上打上不同颜色的抛光蜡以达到不同的抛光效果。这套工具组合能对几乎所有种类的首饰进行抛光。

图2-9-6　双工位台式抛光机

图2-9-7　各种布轮

图2-9-8　各种毛轮

图2-9-9　不同规格的戒指绒棒

3）磁力抛光机搭配抛光钢针、金属抛光粉（见图2-9-10～图2-9-12）多用于批量链类和镶嵌类首饰抛光。

图2-9-10　磁力抛光机

图2-9-11　磁力抛光机专用抛光钢针

图2-9-12　抛光粉

4）手工抛光工具有布条、棉线等，多用于首饰上的一些抛光死角的抛光。

2．工具的使用方法

（1）台式打磨机或吊机及台式抛光机　将抛光轮（毡头、毛扫、布轮、毛轮）安装到机器上；开动机器，让抛光轮转动起来；在抛光轮表面打上一层抛光蜡；将工件上要抛光的位置紧贴在转动的抛光轮表面完成该部位的抛光。

注意：抛光时抛光轮的高速旋转与工件表面的摩擦会产生大量的热，因此抛光时需把持住工件，以免工件被抛光轮打飞而造成危险。为使抛光中产生的高温不烫手，抛光中可在工件和手之间垫一层硬纸板或牛皮。

另外，产品与抛光轮之间高速旋转摩擦产生的高温可以提高金属的塑性，同时改善首饰表面的不平处，从而提高首饰表面的光亮度。抛光时会将首饰上不光滑的表面打磨掉，因此会有一定的损耗。因此抛光需要一定的技巧，既能提高首饰表面光亮度，又能降低贵金属的损耗。

（2）磁力抛光机　在磁力抛光机的抛光筒中倒入适量的清水；将适量的抛光钢针放入抛光筒；在抛光筒中放入适量的抛光粉；将要抛光的工件放入抛光筒；开动磁力抛光机并设置抛光时间；待达到抛光时间，从抛光筒中捞出抛光的工件并清洗干净，抛光完成。

（3）手动抛光工具　在手动抛光工具表面打点抛光蜡，使用手动抛光工具在首饰上的要进行抛光处理的位置进行反复的摩擦来完成抛光。

二、 基本操作示例

抛光介绍

1. 使用吊机抛光

1）使用抛光毡头能够对平面进行抛光，搭配各种颜色的抛光蜡能达到不同的抛光效果。

2）使用抛光毛扫能够对凹凸不平的位置（如镶嵌首饰的镶口位置）进行抛光，搭配各种颜色的抛光蜡能达到不同的抛光效果。

2. 使用台式抛光机抛光

1）使用抛光布轮能够对平面进行抛光，搭配各种颜色的抛光蜡能达到不同的抛光效果。其抛光效率比使用吊机高，是首饰批量抛光的理想选择，是要在首饰表面抛出"镜面亮"效果的最佳选择。

2）使用抛光毛轮能够对凹凸不平的位置（如镶嵌首饰的镶口位置）进行抛光，搭配各种颜色的抛光蜡能达到不同的抛光效果。其抛光效率比使用吊机高，是首饰批量抛光的理想选择。

3. 使用磁力抛光机抛光

抛光筒中的注水量一般控制在筒高的1/3，所投放抛光粉的量要视抛光工件的多少和抛光时间而定。一般情况下，抛光时间的设置在20～60分钟，抛光时间越长，抛光效果越好。磁力抛光的效果是一种"麻面亮"。

4. 使用手动抛光工具抛光

手动抛光工具除了抛光海绵外还有布条、棉线等，适合手工对首饰上一些死角进行抛光（一般情况下，机器抛光抛不到这些死角，或者能抛到，但是抛光效果不好）。可通过控制抛光时间及使用不同的抛光蜡来达到理想的抛光效果。

三、 相关知识拓展

1. 抛光工具的选择

抛光工具的选择需要视要抛光的首饰数量、种类、造型特点及要达到的抛光效果等因素来确定。

2. 抛光轮及抛光蜡的选择 （见表2-9-1）

表2-9-1　抛光轮及蜡的选择

抛光蜡	抛光轮		
	毛扫、毛轮	黄布轮	白布轮
	选择条件		
绿蜡	粗、中抛光	粗、中抛光	—
白蜡	粗、中、细抛光	粗、中、细抛光	粗、中、细抛光
红蜡	精抛光	—	精抛光

3. 抛光注意事项

抛光前，打砂纸要到位；抛光工具及抛光蜡的选择及使用的先后顺序要合理，按照粗抛——中抛——精抛光的顺序进行；在达到既定的抛光效果的同时要控制好抛光力度，以减少抛光过程中的损耗。

四、练习任务

任务三　铜剑制作

工序15
铜剑-抛光

任务要求： 对铜剑的表面进行抛光处理。

任务制作： 将抛光用的小毡头安装在台式打磨机上，搭配抛光绿蜡，对铜剑的所有表面进行一遍抛光处理（见图2-9-13）。

注意事项： 抛光时会因小毡头在抛光面上高速旋转摩擦而产生大量的热量，工件抛光时间长了会烫手，因此要控制好抛光时间，或者使用牛皮、纸板垫着工件抛光。

任务四　万字链制作

工序11
万字链-抛光

任务要求： 对万字链进行抛光处理。

任务制作： 用磁力抛光机对万字链进行表面抛光（见图2-9-14）。

注意事项： 抛光时应注意控制抛光粉的使用量及设置合理的抛光时间。

图2-9-13　铜剑-抛光完成

图2-9-14　万字链-抛光完成

任务五　钉子戒指制作

工序 8
钉子戒指 – 抛光

任务要求：对钉子戒指的表面进行抛光处理。

任务制作：将抛光用的小毡头安装在台式打磨机上，搭配抛光绿蜡，对钉子戒指的所有表面进行一遍抛光处理（见图2-9-15）。

注意事项：抛光时会因小毡头在抛光面上高速旋转摩擦而产生大量的热量，工件抛光时间长了会烫手，因此要控制好抛光时间，或者使用牛皮、纸板垫着工件抛光。

任务六　四叶草戒指制作

工序 15
四叶草戒指 – 抛光

任务要求：对四叶草戒指的表面进行抛光处理。

任务制作：将抛光用的小毡头安装在台式打磨机上，搭配抛光绿蜡，对四叶草戒指的所有表面进行一遍抛光处理（见图2-9-16）。

注意事项：抛光时会因小毡头在抛光面上高速旋转摩擦而产生大量的热量，工件抛光时间长了会烫手，因此要控制好抛光时间，或者使用牛皮、纸板垫着工件抛光。

图2-9-15　钉子戒指–抛光完成

图2-9-16　四叶草戒指–抛光完成

任务七　球形耳钉制作

工序 9
球形耳钉 – 抛光

任务要求：对球形耳钉的表面进行抛光处理。

任务制作：将抛光用的小毡头安装在台式打磨机上，搭配抛光绿蜡，对球形耳钉的所有表面进行一遍抛光处理（见图2-9-17）。

注意事项：抛光时会因小毡头在抛光面上高速旋转摩擦而产生大量的热量，工件抛光时间长了会烫手，因此要控制好抛光时间，或者使用牛皮、纸板垫着工件抛光。

任务八　五角星胸针制作

工序 18
五角星胸针 – 抛光

任务要求：对五角星胸针的表面进行抛光处理。

任务制作：将抛光用的小毡头安装在台式打磨机上，搭配抛光绿蜡，对五角星胸针的所有表面进行一遍抛光处理（见图2-9-18）。

注意事项：抛光时会因小毡头在抛光面上高速旋转摩擦而产生大量的热量，工件抛光时间长了会烫手，因此要控制好抛光时间，或者使用牛皮、纸板垫着工件抛光。

图2-9-17　球形耳钉–抛光完成　　　　　图2-9-18　五角星胸针–抛光完成

任务九　奔驰标吊坠制作	
工序22 **奔驰标吊坠 –** **抛光** 	**任务要求：** 对奔驰标吊坠的表面进行抛光处理。 **任务制作：** 将抛光用的小毡头安装在台式打磨机上，搭配抛光绿蜡，对奔驰标吊坠的所有表面进行一遍抛光处理（见图2-9-19）。 **注意事项：** 抛光时会因小毡头在抛光面上高速旋转摩擦而产生大量的热量，工件抛光时间长了会烫手，因此要控制好抛光时间，或者使用牛皮、纸板垫着工件抛光。

任务十　字符吊坠制作	
工序15 **字符吊坠 – 抛光**	**任务要求：** 对字符吊坠的表面进行抛光处理。 **任务制作：** 将抛光用的小毡头安装在台式打磨机上，搭配抛光绿蜡，对字符吊坠的所有表面进行一遍抛光处理（见图2-9-20）。 **注意事项：** 抛光时会因小毡头在抛光面上高速旋转摩擦而产生大量的热量，工件抛光时间长了会烫手，因此要控制好抛光时间，或者使用牛皮、纸板垫着工件抛光。

图2-9-19　奔驰标吊坠–抛光完成　　　　　图2-9-20　字符吊坠–抛光完成

任务十一 盒子制作

工序 41
盒子 – 抛光

任务要求：对盒子的表面进行抛光处理。

任务制作：将抛光用的小毡头安装在台式打磨机上，搭配抛光绿蜡，对盒子的所有表面进行一遍抛光处理（见图2-9-21）。

注意事项：抛光时会因小毡头在抛光面上高速旋转摩擦而产生大量的热量，工件抛光时间长了会烫手，因此要控制好抛光时间，或者使用牛皮、纸板垫着工件抛光。

任务十二 弧面戒指制作

工序 11
弧面戒指 – 戒指抛光

任务要求：对弧面戒指的表面进行抛光处理。

任务制作：将抛光用的小毡头安装在台式打磨机上，搭配抛光绿蜡，对弧面戒指的所有表面进行一遍粗抛光。然后换另外一个小毡头，搭配抛光白蜡，对弧面戒指的所有表面再进行一遍精抛光（见图2-9-22）。

注意事项：抛光时会因小毡头在抛光面上高速旋转摩擦而产生大量的热量，工件抛光时间长了会烫手，因此要控制好抛光时间，或者使用牛皮、纸板垫着工件抛光。

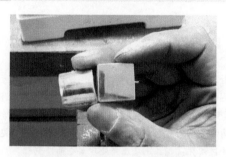

图2-9-21 盒子-抛光完成　　　　图2-9-22 弧面戒指-戒指抛光完成

任务十三 编织戒指制作

工序 18
编织戒指 – 戒指抛光

任务要求：对编织戒指的表面进行抛光处理。

任务制作：将抛光用的小毡头安装在台式打磨机上，搭配抛光绿蜡，对编织戒指的所有表面进行一遍粗抛光。然后换另外一个小毡头，搭配抛光白蜡，对编织戒指的所有表面再进行一遍精抛光（见图2-9-23）。

注意事项：抛光时会因小毡头在抛光面上高速旋转摩擦而产生大量的热量，工件抛光时间长了会烫手，因此要控制好抛光时间，或者使用牛皮、纸板垫着工件抛光。

任务十四 掐丝戒指制作

工序 24
掐丝戒指 – 戒指抛光

任务要求：对掐丝戒指的表面进行抛光处理。

任务制作：将抛光用的小毡头安装在台式打磨机上，搭配抛光绿蜡，对掐丝戒指的所有表面进行一遍粗抛光。然后换另外一个小毡头，搭配抛光白蜡，对掐丝戒指的所有表面再进行一遍精抛光（见图2-9-24）。

注意事项：抛光时会因小毡头在抛光面上高速旋转摩擦而产生大量的热量，工件抛光时间长了会烫手，因此要控制好抛光时间，或者使用牛皮、纸板垫着工件抛光。

图 2-9-23　编织戒指-戒指抛光完成　　　图 2-9-24　掐丝戒指-戒指抛光完成

任务十五　编织手镯制作

工序 15
编织手镯 - 手
镯抛光

任务要求：对编织手镯的表面进行抛光处理。

任务制作：将手镯放到焊瓦上，用煤气焊枪对其进行加热，加热至微红的状态时迅速将手镯放入事先准备好的浓度为 20% 的磷酸溶液中。然后将手镯取出用清水清洗一遍，先用铜丝刷将手镯的所有表面用力刷几遍，再用玛瑙刀对手镯的垫层表面进行压光处理（见图 2-9-25）。

注意事项：控制焊枪的加热温度，避免手链熔化；铜丝刷及压光处理要全面、到位。

任务十六　麻花手镯制作

工序 11
麻花手镯 - 手
镯抛光

任务要求：对麻花手镯的表面进行抛光处理。

任务制作：将手镯放到焊瓦上，用煤气焊枪对其进行加热，加热至微红的状态时迅速将手镯放入事先准备好的浓度为 20% 的磷酸溶液中。然后将手镯取出用清水清洗一遍，先用铜丝刷将手镯的所有表面用力刷几遍，再用玛瑙刀对手镯的所有表面进行压光处理（见图 2-9-26）。

注意事项：控制焊枪的加热温度，避免手链熔化；铜丝刷及压光处理要全面、到位。

图 2-9-25　编织手镯-手镯抛光完成　　　图 2-9-26　麻花手镯-手镯抛光完成

任务十七　单套侧身链制作

工序 15
单套侧身链 - 手
链抛光

任务要求：对单套侧身链进行抛光处理。

任务制作：用磁力抛光机对单套侧身链进行表面抛光（见图 2-9-27）。

注意事项：抛光时应注意控制抛光粉的使用量及设置合理的抛光时间。

任务十八　马鞭链制作

工序 19
马鞭链 – 手链抛光

任务要求：对马鞭链进行抛光处理。

任务制作：将手链放到焊瓦上，用煤气焊枪对其进行加热，加热至微红的状态时迅速将手链放入事先准备好的浓度为20%的磷酸溶液中。然后将手链取出用清水清洗一遍，先用铜丝刷将手链的所有表面用力刷几遍，再用玛瑙刀对手链的所有外表面进行压光处理（见图2-9-28）。

注意事项：控制焊枪的加热温度，避免手链熔化；铜丝刷及压光处理要全面、到位。

图2-9-27　单套侧身链–手链抛光完成　　　　图2-9-28　马鞭链–手链抛光完成

任务十九　肖邦链制作

工序 32
肖邦链 – 手链过磷酸、抛光

任务要求：对肖邦链进行抛光处理。

任务制作：将手链放到焊瓦上，用煤气焊枪对其进行加热，加热至微红的状态时迅速将手链放入事先准备好的浓度为20%的磷酸溶液中。然后将手链取出用清水清洗一遍，先用铜丝刷将手链的所有表面用力刷几遍，再用玛瑙刀对手链的链扣的外表面进行压光处理（见图2-9-29）。

注意事项：控制焊枪的加热温度，避免手链熔化；铜丝刷及压光处理要全面、到位。

任务二十　球形耳坠制作

工序 15
球形耳坠 – 耳坠抛光

任务要求：对球形耳坠进行抛光处理。

任务制作：用磁力抛光机对球形耳坠进行表面抛光（见图2-9-30）。

注意事项：抛光时应注意控制抛光粉的使用量及设置合理的抛光时间。

图2-9-29　肖邦链 – 手链抛光完成　　　　图2-9-30　球形耳坠 – 耳坠抛光完成

任务二十一　篮球吊坠制作

工序 14
篮球吊坠 – 吊坠抛光

任务要求：对篮球吊坠进行抛光处理。

任务制作：将抛光用的小毡头安装在台式打磨机上，搭配抛光绿蜡，对篮球吊坠的所有表面进行一遍粗抛光。然后换另外一个小毡头，搭配抛光白蜡，对篮球吊坠的所有表面再进行一遍精抛光（见图2-9-31）。

注意事项：抛光时会因小毡头在抛光面上高速旋转摩擦而产生大量的热量，工件抛光时间长了会烫手，因此要控制好抛光时间，或者使用牛皮、纸板垫着工件抛光。

任务二十二　如意算盘制作

工序 40
如意算盘 – 抛光

任务要求：对如意算盘表面进行抛光处理。

任务制作：用磁力抛光机对如意算盘进行表面抛光（见图2-9-32）。

注意事项：抛光时应注意控制抛光粉的使用量及设置合理的抛光时间。

图2-9-31　篮球吊坠–吊坠抛光完成

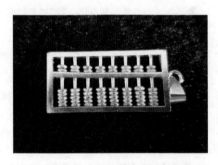

图2-9-32　如意算盘–抛光完成